Wissenschaftliche Beiträge
aus dem Tectum Verlag

Reihe Nachhaltigkeitswissenschaft

Wissenschaftliche Beiträge
aus dem Tectum Verlag

Reihe Nachhaltigkeitswissenschaft
Band 2

Marius Thomay

Dekolonisation der Natur-Mensch-Beziehungen

Eine Kritik am Nachhaltigkeits- und Naturverständnis des globalen Nordens

Mit einem Vorwort von PD Dr. Ulrich Roos

Tectum Verlag

Marius Thomay
Dekolonisation der Natur-Mensch-Beziehungen
Eine Kritik am Nachhaltigkeits- und Naturverständnis des globalen Nordens

Wissenschaftliche Beiträge aus dem Tectum Verlag
Reihe: Nachhaltigkeitswissenschaft; Bd. 2

ISBN 978-3-8288-4692-0
ePDF 978-3-8288-7777-1
ISSN 2749-0092

Umschlaggestaltung: Tectum Verlag, unter Verwendung des Bildes
1042792576 von VanderWolf Images | www.shutterstock.com

Gesamtverantwortung für Druck und Herstellung:
Nomos Verlagsgesellschaft mbH & Co. KG
Printed in Germany

Besuchen Sie uns im Internet
www.tectum-verlag.de

Bibliografische Informationen der Deutschen Nationalbibliothek
Die Deutsche Nationalbibliothek verzeichnet diese Publikation
in der Deutschen Nationalbibliografie; detaillierte bibliografische
Angaben sind im Internet über http://dnb.d-nb.de abrufbar.

Der große Häuptling in Washington sendet Nachricht, daß er unser Land zu kaufen wünscht. Der große Häuptling sendet uns auch Worte der Freundschaft und des guten Willens. Das ist freundlich von ihm, denn wir wissen, er bedarf unserer Freundschaft nicht. Aber wir werden sein Angebot bedenken, denn wir wissen – wenn wir nicht verkaufen – kommt vielleicht der weiße Mann mit Gewehren und nimmt sich unser Land. [...]
Was Häuptling Seattle sagt, darauf kann sich der große Häuptling verlassen [...]. Meine Worte sind wie die Sterne, sie gehen nicht unter. [...] Wir werden Euer Angebot, unser Land zu kaufen, bedenken. Das wird nicht leicht sein, denn dieses Land ist uns heilig. [...] Glänzendes Wasser, das sich in Bächen und Flüssen bewegt, ist nicht nur Wasser – sondern das Blut unserer Vorfahren. [...] Das Murmeln des Wassers ist die Stimme meiner Vorväter. Die Flüsse sind unsere Brüder – sie stillen unseren Durst. Die Flüsse tragen unsere Kanus und nähren unsere Kinder. [...] Ich weiß nicht – unsere Art ist anders als die Eure. [...]
Wir wissen, daß der weiße Mann unsere Art nicht versteht. [...] Die Erde ist sein Bruder nicht, sondern Feind, und wenn er sie erobert hat, schreitet er weiter. [...] Er behandelt seine Mutter, die Erde, und seinen Bruder, den Himmel, wie Dinge zum Kaufen und Plündern [...]. Sein Hunger wird die Erde verschlingen und nichts zurücklassen als Wüste. Ich weiß nicht – unsere Art ist anders als die Eure. [...]
Wären alle Tiere fort, so stürbe der Mensch an großer Einsamkeit des Geistes. Was immer den Tieren geschieht – geschieht bald auch den Menschen. Alle Dinge sind miteinander verbunden. [...]
Denn das wissen wir, die Erde gehört nicht den Menschen, der Mensch gehört zur Erde – das wissen wir. [...] Der weiße Mann vorübergehend im Besitz der Macht, glaubt, er sei schon Gott – dem die Erde gehört. Wie kann man seine Mutter besitzen? [...] Aber wir sind Wilde – die Träume des weißen Mannes sind uns verborgen. Und weil sie uns verborgen sind, werden wir unsere eigenen Wege gehen. Denn vor allem schätzen wir das Recht eines jeden Menschen, so zu leben, wie er selber es wünscht – gleich wie verschieden von seinen Brüdern er ist. [...] Wir werden Euer Angebot bedenken.

(Chief Seattle, Häuptling der Duwamish 1855)

Danksagung

Mein herzlicher Dank geht an…

… *Julia Roth* für die intellektuelle und emotionale Unterstützung sowie für die kritischen Kommentare und Überlegungen.

… *Dr. Michaela Zöhrer* für die konstruktiven Anmerkungen und Diskussionen sowie für die Ermutigung, diesen Text zu veröffentlichen.

… *PD Dr. Ulrich Roos* für einen überaus anregenden Austausch, die Bekräftigung und intellektuelle Unterstützung bei dieser Publikation sowie für die Bereitschaft, ein Vorwort zu verfassen.

… *Christina Pauls* für die lehrreichen Gespräche und gemeinsamen Reflexionen sowie für die kritischen und unverzichtbaren Anmerkungen.

… die hier zitierten oder rezipierten *Autor*innen* für ihre Impulse und Überlegungen, die es mir ermöglichen, meine eigenen Sicht- und Denkweisen reflektieren und kritisch hinterfragen zu können.

… die *Mitarbeiter*innen* des Tectum Verlags für das entgegengebrachte Vertrauen sowie die begleitende Unterstützung, ohne die dieses Buch nicht hätte erscheinen können.

… den *Bäumen*, die für das Papier, auf dem dieses Buch abgedruckt ist, ihr Leben lassen mussten.

Vorwort

Geschwindigkeit, Reichweite und Intensität der Auswirkungen der vom Menschen verursachten Krise der Ökosphäre nehmen derart zu, dass im Sommer 2021 kaum einem anderen Thema so viel Bedeutung in der politischen Kommunikation zukommt. Die Risse im gut zweihundert Jahre alten Narrativ vom unaufhaltsamen Fortschreiten des modernen Menschen und seiner ökonomischen sowie wissenschaftlich-technischen Entwicklung sind unübersehbar. Die sozial-ökonomisch-ökologische Vielfachkrise ergreift alle Gesellschaften und Individuen, ganz gleich welcher Lebenswelt angehörig und unabhängig vom je individuellen Positioniert-Sein der Subjekte. Die grundlegende Zielbestimmung des offensichtlich gegenüber dem Politischen dominanten ökonomischen Teilsystems der de facto seit Jahrzehnten voll ausgeformten Weltgesellschaft, das stetige Wachstum der in einer gegebenen Zeiteinheit hergestellten Wirtschaftsgüter und Dienstleistungen, gerät aus verschiedenen Gründen ins Stocken. Nur auf den ersten Blick paradox: Die Ursache der Wachstumskrise ist das Wirtschaftswachstum selbst. Schließlich gingen mit dessen Steigerung schon immer unvermeidbar Naturzerstörung, irreversible Umformungen von Materie sowie Entropie einher.

Das seit zweihundert Jahren betriebene exponentielle Bevölkerungs- und Wirtschaftswachstum hat bereits in den 1970er Jahren jene Grenze überschritten, die das Gleichgewicht und die Regenerationskräfte der globalen Ökosysteme bewahrt. Seitdem verzehrt die gierige Landnahme der je gegenwärtigen Menschheit die Substanz der belebten wie unbelebten Natur auf Kosten zukünftigen Lebens. Eng verbunden mit dieser imperialistischen und kolonialistischen Ausgestaltung der Mensch-Natur-Beziehung ist die permanente Erneuerung und Durchsetzung der Herrschaft westlicher Industrienationen über weite Teile der übrigen Staatengemeinschaft. Die durch ihre schroffe Allgegenwart oft genug der offenen Reflexion entzogene Praxis (neo-)kolonialer Gewalt kennt dabei viele Formen. Besonders perfide sind hierbei jene Methoden, die explizit – unter Bezug auf ein damit vermeintlich geschaffenes Gutes – Legitimation für sich reklamieren, jedoch bloß die bestehenden Abhängigkeits- und Ausbeutungsverhältnisse perpetuieren, ja nicht bloß den Fortbestand von Gewaltbeziehungen fördern, sondern selbst gewaltförmig sind. Damit sind zum Beispiel jene Praktiken adressiert, die etwa als Entwicklungspolitik bezeichnet und von

Heerscharen – vom Glauben an die segensreichen Wirkungen ihres Handelns – beseelter Europäer*innen im sogenannten Globalen Süden vollzogen werden.

Der von Marius Thomay vorgelegte Beitrag verbindet die Analyse der gegen die Natur des Planeten und gegen die Menschen des globalen Südens (sowie die Subalternen des globalen Nordens) gerichtete Gewalt und setzt sich als europäischer Wissenschaftler kraft seiner Privilegien der Gefahr der Verzweiflung an der Erkenntnis – auch der eigenen Verstrickung – in dieses räuberische und zerstörerische Treiben aus. Der vorliegende Band fasst dabei die Ergebnisse einer umfassenden und persönlichen Forschungsreise zusammen. Eine Reise in die Welt der Gegenerzählungen, des Widerstands, der indigenen Philosophie, in die Epistemologie der Dekolonialität und in das Feld der Postdevelopment-Forschung. Dass hierbei zuvorderst die Stimmen jener berücksichtigt werden, die der Gewalt des europäischen (Neo-)Kolonialismus seit Jahrhunderten ausgesetzt sind, ist naheliegend. Schön, dass der Autor hierbei nicht der Versuchung erliegt, für diese Menschen und deren Lebens- und Erfahrungswelten sprechen zu wollen. Im Kern der Methode steht stattdessen der Wille zuzuhören und lernen zu wollen, um die eigene Sicht auf die Welt „zu dekolonialisieren“. Es geht um das Bemühen eines forschenden Subjekts des globalen Nordens, eine „dekoloniale Haltung“ zu erlernen. Und da es dem Forschenden mit dieser Absicht ernst ist, setzt er sich mannigfaltigen Irritationen, Anregungen, Melodien und Philosophien aus, die je auf ihre eigene Weise einen Beitrag zu einer Postdevelopment-Perspektive und zu einem Modernity/Coloniality/Decoloniality-Ansatz leisten. Selten, dass eine solche Fülle – auch aktuellster – Literatur in einem Band verarbeitet wird. Schön, wie die Argumente Dritter kongenial nachvollzogen, miteinander verglichen, durchdacht, nachempfunden, durchlebt, reflektiert und in ein Gesamtes gefügt werden, ohne sie als die eigenen auszugeben. Und erst im Anschluss an das intensive Zuhören gestattet der Autor, hieraus Lehren für die eigene dekoloniale Haltung zu formulieren, ohne auf dieser Grundlage der Hybris zu verfallen, anzunehmen, für Dritte sprechen zu können.

Allen an der Irritation des eingeübten Blicks auf Entwicklungspolitik und Wachstumsideologie sowie an hierzu alternativen Vorstellungen Interessierten sei der vorliegende Band zur Lektüre empfohlen. An vielen Stellen treibt er die Leser*innen – im besten Sinne, weil nie dogmatisch – zum Überdenken der eigenen Position, Ethik und Perspektive bezogen auf die gegenwärtig wohl entscheidende Frage nach den Bedingungen einer gelingenden weltgesellschaftlichen sozial-ökologischen Transformation, an.

Ulrich Roos
Frankfurt am Main, im August 2021

Inhalt

1. Einleitung

Der sich immer drastischer abzeichnende Klimawandel, das sechste Artensterben, die anhaltende Ausbeutung und Zerstörung der Natur sowie die sich hierdurch stetig verschärfenden humanitären Missstände (IPBES 2019; IPCC 2019a, 2019b, 2021; UNEP 2019; UNHCR 2018, 2020) sind zu großen Teilen die unerwünschten Nebenfolgen unserer imperialen Lebensweise (Brand & Wissen 2017). Wir – die Gesellschaften des globalen Nordens[1] – haben den Planeten Erde und alle menschlichen wie nicht-menschlichen Bewohner*innen in ein neues geologisches Zeitalter – das Anthropozän (Crutzen 2011) – katapultiert (Hickel 2020), ohne uns den damit verbundenen Folgen bewusst zu sein (Blaser 2019; Inoue & Moreira 2016). Während die Machtzentren mit Strategien wie der Agenda 2030 (United Nations 2015) oder dem Green Deal (European Commission 2019) unbeirrt an den nahezu immergleichen Mantras – Wachstum, Entwicklung und Fortschritt – festhalten und hoffnungsvoll auf das nächste Panazee dieses Dreigespanns warten, führen Rebound-Effekte sowie eine unzureichende Betrachtung der Interdependenzen in ihrer Gesamtheit zu einer Relativierung positiver Tendenzen oder verschärfen aktuelle Problemlagen sogar (Paech 2018; Santarius 2012). Der modus operandi als vermeintlicher Garant eines

1 Angelehnt an die Definition von Kothari, Salleh, Escobar, Demaria und Acosta (2019) verstehe ich unter dem ‚globalen Norden‘ (sowie simultan hierzu auch dem ‚globalen Süden‘), auch wenn dies in Teilen zutrifft, keine geographischen Regionen, die einer Nord-Süd-Teilung der Welt entsprechen (vgl. auch Rodríguez-Labajos et al. 2019). „‚Global North‘ therefore may describe both historically dominant nations as well as colonized wealthy ruling elites in the South. […] ‚South’ can be a metaphor for exploited ethnic minorities or women in affluent countries, as much as the historically colonized or ‚poor’ countries as a whole” (Kothari et al. 2019, S. xxii). Mit der Unterscheidung zwischen globalem Süden und globalem Norden wird kein monolithischer, essentialisierender Dualismus unterlegt.

erfüllten Lebens scheint ironischer Weise nicht nur die alleinige Legitimations-, sondern zugleich auch die größte Bedrohungsform unseres Daseins. Die Verdrängungsleistung, die aufgebracht wird, um sich dieser Einsicht und der hiermit einhergehenden Verantwortung zu entziehen, erscheint immens.

Wir stehen vor immer größeren, immer moderneren Problemen, für die es aber offensichtlich keine modernen Antworten (mehr) gibt (Escobar 2015; Santos 2014). Die Behauptung oder Hoffnung, noch mehr Wachstum und technologischer Fortschritt – egal ob quantitativ oder qualitativ – könne all jene sozial-ökologischen Missstände beseitigen oder vermindern, ist nicht nur ein womöglich fataler Irrglaube, sondern zugleich auch Indiz dafür, wie sehr wir unser Denken durch jene Narrative einschränken. Die hegemoniale Triade von Entwicklung, Wachstum und Fortschritt (Dengler & Seebacher 2019) scheint in vielerlei Hinsicht an ihr Ende zu gelangen (Sachs 2010a).

Einhergehend mit dieser reduktionistischen Lebens-, Wirtschafts- und auch Wissenschaftsphilosophie haben wir verlernt, uns als Teil eines komplexen großen Ganzen zu verstehen, dessen untrennbarer Bestandteil wir sind – der Natur. Mensch und Natur wirken wie zwei separate Sphären. Der Mensch – spezifischer: der westliche, weiße, männliche Mensch –, so die geläufige westliche Vorstellung, ist kein direkter Teil der Natur (mehr). Der Mensch gilt als sozial, kultiviert und technologisiert und hebt sich somit von der Natur und allen anderen Lebewesen ab. Kultur und Technik gelten in diesem Sinne geradezu als Gegenpol zur Natur (Kirchhoff 2020). Der Mensch ist Anthropos – der ‚der Natur entgegen Gewendete' –, das Zentrum, Selbstzweck. Menschen sind der Natur jedoch nicht nur überlegen, sondern haben (deshalb) zugleich das Recht – oder auch die Pflicht –, sie zu kultivieren, zu kontrollieren und zu beherrschen – sie zu kolonisieren (Mignolo 2018, S. 170; Rajesh & Rajasekaran 2019). Der Begriff Natur hingegen umfasst all das, was ohne menschlichen Einfluss existiert. Die Natur ist (nur noch) ein Außen, Um-Welt, Peripherie, Ressource, tote Materie – Mittel zum Zweck. Kurzum: Wir haben nicht nur die Welt entzaubert (Weber 1919), sondern postulierten damit zugleich auch den *Tod der Natur* (Escobar 1999; Merchant 1989).

> Our ecological footprint on Earth is at such a scale that we find ourselves in a geological epoch called the Anthropocene, characterised as it is by human terraforming of the Earth. Our biosphere is sick and behaves like an infected organism; every living organism in the biosphere is declining. [...]

> At the core of this environmental crisis lies the long held belief that humans consider themselves to be different from nature and nature is seen as a resource for human use and consumption (Vermeylen 2017, S. 137 f.).

Wollen wir Antworten auf die jetzigen sowie künftig bevorstehenden Herausforderungen des Anthropozäns finden, sollten wir – so meine grundlegende These – den anthropozentrischen Blick auf die Natur als ein von uns losgelöstes Objekt, als ein für den Menschen geschaffenes Ressourcen- und Produktionssystem, das es auszubeuten und zu beherrschen gelte, verlernen und sie (wieder) als ein Erzeugungssystem verstehen lernen, das alle Wesen hervorbringt, für alle existiert und erst durch deren gemeinsames Wirken in seiner Daseinsform bestehen kann (Latour 2018). Wir sollten versuchen, die Natur nicht als unsere Umwelt, sondern als unsere Mitwelt (Meyer-Abich 2005) zu betrachten, in der wir als „Erdverbundene inmitten von Erdverbundenen [...] [und nicht als] Menschen in der Natur" (Latour 2018, S. 101) existieren. Hierfür scheint es unumgänglich, unser Verständnis von der Natur-Mensch-Beziehung radikal infrage zu stellen.

> In giving voice to diversity, we share a conviction that the global crisis is not manageable within existing institutional frameworks. It is historical and structural, demanding a deep cultural awakening and reorganization of relations both within and between societies across the world, as also between humans and the rest of so-called ‚nature'. As humans, our most important lesson is to make peace with the Earth and with each other (Kothari, Salleh, Escobar, Demaria & Acosta 2019, S. xxiii).

Ich teile diese Position. Es scheint immer offensichtlicher, dass es nicht genügen wird, lediglich wieder einmal an der ein oder anderen Stellschraube der kapitalistischen Maschinerie zu drehen, um den bereits bestehenden und sich künftig weiter verschärfenden Herausforderungen zu begegnen. Wollen wir das Überschreiten ökologischer Kipppunkte vermeiden, sollten wir auf die (Wachstums-)Bremse treten und über andere Wege nachdenken, statt wissentlich und im Schlingerkurs vermeintlicher Nachhaltigkeitsalternativen weiter auf jene Kipppunkte zuzurasen. Je länger damit wir warten, die hierfür notwendigen Transformationsprozesse anzugehen, desto unangenehmer und konfliktreicher dürften die erforderlichen Veränderungen letztlich werden. Wie aber sehen Alternativen *zu* den bisherigen (alternativen) Strategien aus, die dem geradezu inflationär genutzten Zauberwort der Nachhaltigkeit tatsächlich gerecht werden könnten, statt es zu einer inhaltslosen Phrase verkommen zu lassen? Wie können wir Frieden mit der Natur finden?

Der kolumbianisch-amerikanische Anthropologe Arturo Escobar gibt hierauf einen knappen, für die Konzeption und Zielsetzung dieses Beitrags leitenden Hinweis: „Northern transition design visions need to think decolonially and postdevelopmentally […]" (Escobar 2018, S. 208). Was aber meint Escobar damit, Transition-Designs aus dem (globalen) Norden sollten ‚dekolonial' und ‚postentwicklungspolitisch' denken? Was sind deren zugrundeliegende Vorstellungen von einem nachhaltigen und Guten Leben? Wie wird in diesen Konzepten und Theorien über das Natur-Mensch-Verhältnis nachgedacht und wie könnten (umwelt-)ethische Grundprinzipien einer solchen Denk- und Lebensweise aussehen? Was dürfen, sollen und können die Gesellschaften des globalen Nordens von diesen Sichtweisen lernen, was dürfen oder müssen sie dafür verlernen und wie könnten diese Visionen gemeinsam weiterverfolgt werden? Idee dieses Beitrags ist es, Arturo Escobars Hinweis zu folgen und mich intensiv mit den Theorieperspektiven von Postdevelopment sowie Dekolonialität auseinanderzusetzen, in der Hoffnung, diese Perspektiven auf das Natur-Mensch-Verhältnis sowie auf Nachhaltigkeit und Umweltethik besser zu verstehen, um von ihnen lernen zu können.

Um sich den hier skizzierten Fragen und Zielsetzungen anzunähern, möchte ich zunächst eine Selbstpositionierung als Forschender aus dem globalen Norden vornehmen und zugleich mein Grundverständnis von wissenschaftlicher Theorie und Praxis sowie einiger thematisch relevanter Begrifflichkeiten offenlegen (Kap. 2).

Der Hauptteil gliedert sich sodann in zwei große Bereiche (Kap. 3 & Kap. 4). In einem ersten Schritt sollen die theoretischen Grundzüge der Postdevelopment-Perspektive (Kap. 3.1) sowie die des Modernity/Coloniality/Decoloniality-Ansatzes bzw. der dekolonialen Theorie (Kap. 3.2) dargestellt und erläutert werden. Zwar können aufgrund der Fülle verschiedener Perspektiven und Themenschwerpunkte innerhalb beider Theorieschulen lediglich die Positionen einiger Vertreter*innen nachgezeichnet werden, doch möchte ich mich diesen (im Verhältnis zum Gesamtumfang) vergleichsweise ausführlich zuwenden. Ich betrachte eine gewissenhafte Auseinandersetzung mit beiden Theorieperspektiven als einen essenziellen und unverzichtbaren Bestandteil. Hier sei darauf hingewiesen, dass nach meiner Lesart wiederum nur wenige der von mir herangezogenen Autor*innen klar der einen oder der anderen Theorie zugeordnet werden können. Auch wenn deren theoretische Grundpfeiler zunächst getrennt voneinander eingeführt werden, wird diese Differenzierung im weiteren Verlauf nicht aufrechterhalten, da sie entweder eng miteinander verwoben oder sich in vielerlei Hinsicht gegenseitig bereichern zu scheinen. Es wird deshalb in einem anschließenden Unterkapitel (Kap. 3.3) gesondert auf meine Lesart des Verhältnisses der Postdevelopment-Perspektive(n) und denen des Modernity/Coloniality/Decoloniality-Ansatzes untereinander eingegangen.

Im zweiten Schritt (Kap. 4) werden daraufhin die Kritiken des Postdevelopment- und Modernity/Coloniality/Decoloniality-Ansatzes am westlichen Verständnis von Nachhaltigkeit bzw. einer nachhaltigen Entwicklung sowie der diesem Verständnis zugrundeliegenden Vorstellung der Natur-Mensch-Beziehung angeführt und teils durch eigene Einsichten und Beiträge ergänzt (Kap. 4.1). Anschließend werden die Verständnisse, Vorschläge, Positionen und Konzepte von Nachhaltigkeit und dem Natur-Mensch-Verhältnis, wie sie innerhalb der Postdevelopment-Theorie sowie dem Modernity/Coloniality/Decoloniality-Ansatz debattiert und vertreten werden, beleuchtet (Kap. 4.2). Ziel dieses zweiten Abschnitts ist es, den Leser*innen (sowie selbstverständlich auch mir selbst) die Perspektivenvielfalt beider Theorien näher zu bringen, nicht aber um sich deren Inhalte oder Narrative anzueignen und als die eigenen zu präsentieren, sondern um sie (besser) kennenzulernen, um von ihnen zu lernen und sie dabei als Wegweiser wertzuschätzen, um unsere eigenen (westlichen) Denk- und Lebensweisen kritisch reflektieren und eine dekoloniale Haltung (Maldonado-Torres 2007, S. 262) entwickeln zu können.

In einem abschließenden Fazit möchte ich die gewonnenen Einsichten nochmals kursorisch zusammenfassen und reflektieren (Kap. 5).

2. Selbstpositionierung

Um die Bedeutung und Gewichtung, die ich meinen eigenen sowie auch allen nachfolgend herangezogenen theoretischen Einsichten, Überlegungen, Argumenten und Aussagen zuschreibe, besser nachvollziehen und einordnen zu können, möchte ich zuvorderst meine ontologischen sowie epistemologischen Grundannahmen hierzu schildern. Idee hierbei ist, meine eigene Position als angehender Wissenschaftler aus dem globalen Norden sowie meine Perspektive auf die hiesige Thematik offenzulegen.

Meine persönlichen Grundannahmen über die Wirklichkeit, die hiesige Thematik sowie den Wahrheitsgehalt, den ich für meine hier getroffenen Aussagen beanspruchen kann, sind, mitunter bedingt durch meine wissenschaftliche Sozialisation, stark von sozialkonstruktivistischen und poststrukturalistischen Theorieperspektiven beeinflusst. Zugleich wirkt sich die Auseinandersetzung mit Theorien von Postdevelopment sowie dem Modernity/Coloniality/Decoloniality-Ansatz spürbar auf mein eigenes Denken aus.

Ausgehend von einer sozialkonstruktivistischen Perspektive, verstehe ich unter Wissen demnach alle Phänomene, Ideen oder transzendente Imaginationen, welche als wirklich wahrgenommen werden und dadurch entweder Sinn stiften, zuweisen oder ‚sinnvoll' interpretiert werden können (Berger & Luckmann 1991, S. 13). Hierzu gehören bspw. auch „Handlungsmuster, Deutungsmuster, Normen und Regeln, Sprache, Klassifikationen, Institutionen, Berufe, Gefühle und Empfindungen, Routine- und Referenzwissen" (Keller 2012, S. 211). Entgegen der positivistischen Annahme, die Wissenschaft könne – als eine von der Wirklichkeit losgelöste gesellschaftliche Institution – objektives und universell gültiges Wissen produzieren bzw. erlangen, vertrete ich die Ansicht, Wissenschaftler*innen sowie alle Menschen (und vermutlich auch alle anderen Lebewesen) konstruieren es, indem sie die von ihnen wahrgenommene Wirklichkeit beobachten und interpretieren, um sie dadurch (besser) zu verstehen (Berger & Luckmann 1991; Keller 2012, S. 164, 186 ff.).

> Everyday life presents itself as a reality interpreted by men and subjectively meaningful to them as a coherent world. [...] The world of everyday life is not only taken for granted as reality by the ordinary members of society in the subjectively meaningful conduct of their lives. It is a world that

originates in their thoughts and actions, and is maintained as real by these (Berger & Luckmann, 1991, S. 33).

In unserem alltäglichen Leben entsprechen eine Vielzahl unserer verbalen sowie nonverbalen Handlungen routinierten Abläufen, in welchen wir uns auf jene gemeinsam geteilten Wissensvorräte, Sinnzuschreibungen und Deutungsschemata beziehen, um nicht jedes Mal neu beurteilen zu müssen, welche Handlung und Interpretation die situationsbedingt adäquate ist. Indem wir bei einer Handlung auf derlei Wissensvorräte zurückgreifen, werden diese einer ständigen Prüfung ihrer Problemlösekompetenz ausgesetzt und bei Störungen des habitualisierten Routineablaufs entsprechend aktualisiert, angepasst und (re-)produziert. Greifen mehrere Mitglieder einer Gemeinschaft dabei auf die gleichen Deutungsschemata, Wissensvorräte und Handlungsregeln zurück, werden diese durch die fortlaufende Reproduktion gemeinschaftlich/gesellschaftlich institutionalisiert und zu kollektivem Wissen bzw. scheinbar objektiven Wissensvorräten. Unser Denken und Handeln gründet zu großen Teilen auf derlei subjektiven und kollektiven Wissensvorräten sowie den dadurch vermittelten Handlungsregeln bzw. -anweisungen. Auf welche Wissensvorräte wir jeweils zurückgreifen und wie wir handeln, hängt neben der entsprechenden Situation wiederum unter anderem davon ab, welche Deutungs- bzw. Interpretationsangebote uns überhaupt zur Verfügung stehen und welche Problemlösekompetenz diese zum gegebenen Zeitpunkt bereitstellen (Keller 2012, S. 42 f., 211 f.). Wie alle Handlungs- und Interaktionsformen bedingen speziell die kommunikativen bzw. diskursiven Praktiken von Akteur*innen die innerhalb einer Gemeinschaft kollektiv anerkannten und geteilten Bedeutungs- und Sinnstrukturen, Werte sowie Glaubensvorstellungen und Wissensvorräte (Bendix 2013; Kühne 2013; Yanow 2000). Zusammen bilden diese eine Sinnstruktur unserer Gesellschaft, schaffen eine soziale Ordnung in dieser und beeinflussen dadurch das, was gedacht, gesagt und getan wird. „Through the process of interaction, members of a community […] come to use the same or similar cognitive mechanisms, engage in the same or similar acts, and use the same or similar language to talk about thought and action" (Yanow 2000, S. 10). Ein bestimmter Wissensvorrat bzw. eine Interpretation der sozialen Wirklichkeit wird dabei meist so lange aufrechterhalten, solange die enthaltenen Deutungsschemata und Handlungsregeln sinnvoll erscheinen bzw. sinnvoll anwendbar sind, oder diese nicht von anderen Personen problematisiert werden. Erst in einem solchen ‚Störfall' muss eine neue/andere Interpretation der Situation sowie eine entsprechende

Neuauslegung der Wissensvorräte und Handlungsabläufe ausgehandelt, objektiviert und institutionalisiert werden (Escobar 1995, S. 24; Keller 2008, 2012, S. 150 ff.).

Die unterschiedlichen Interpretationen und Wissensvorräte befinden sich somit stets in einem konkurrierenden und konfliktiven Verhältnis um die Deutungshoheit der letztendlich als anerkannt geltenden Wirklichkeitskonstruktion (Berger & Luckmann 1991, S. 89). Die soziale Wirklichkeit sowie das Wissen, das wir über sie besitzen, ist dadurch ein sich ständig wandelndes Produkt gesellschaftlicher Interaktions-, Diskurs- und Aushandlungsprozesse (Berger & Luckmann 1991; Keller 2012, S. 150 ff.; Nullmeier 1997, S. 106 f.).

Da besonders der Wissenschaftsbetrieb bzw. die wissenschaftlichen Diskurse als etablierte und mächtige Institution unserer Gesellschaften mit einer entsprechenden Definitions- und Deutungsmacht (über die Wirklichkeit) ausgestattet sind, ist deren Einfluss an der Legitimierung kollektiv anerkannter und geteilter Wissensvorräte entsprechend hoch einzuschätzen (Keller 2012, S. 220).

Unter einem Diskurs verstehe ich etwas vereinfacht, ein komplex zusammenwirkendes Ensemble von verbalen und verschriftlichten Praktiken (Aussagen) und zuteilen nonverbalen Praktiken verschiedener Akteur*innen, die über den Bedeutungs-, Sinn- und Wahrheitsgehalt eines bestimmten Themas sprechen bzw. verhandeln und hierdurch eine spezielle und zugleich meist exklusive Form von Wissen über jenes Thema konstruieren und bereitstellen (Bendix 2013, S. 185 ff.; Foucault 2003, S. 211 ff.; Keller 2008, S. 74 f.; Ziai 2006, S. 12).

Durch die verschiedenen Akteur*innen, die an einem Diskurs teilnehmen (dürfen) und dadurch ihre jeweils eigenen Interpretationen, Ideen und Vorstellungen einbringen, werden nicht nur neue Wissensvorräte konstruiert, sondern auch bereits bestehende kollektiv anerkannte Wissensvorräte immer wieder neu verhandelt und dadurch entweder verworfen, modifiziert, oder in der bereits bekannten Form reproduziert. Ein Diskurs (über ein bestimmtes Thema der Wirklichkeit) bestimmt somit zu großen Teilen, was innerhalb der Gruppe von Diskursteilnehmer*innen und häufig auch darüber hinaus als wahr/sinnvoll bzw. unwahr/nicht-sinnvoll gilt. Dabei werden allerdings nicht alle Diskursbeiträge als gleich sinnvoll bzw. wahr betrachtet oder anerkannt. Vielmehr befinden sich die einzelnen Aussagen und Standpunkte in einem ständigen Aushandlungs- und Prüfungsprozess, in dem die Teilnehmer*innen darüber verhandeln, was als sinnvoll bzw. wahr gilt. Dieser Aushandlungs-, Prüfungs- und (Re-)Produktionsprozess kollektiv anerkannter – also dominanter – Wissensvorräte ist keinesfalls als ein herrschaftsfreier Prozess des (kommunikativen) Handelns zu betrachten. Wie Foucault aufmerksam machte, wirken in Diskursen (sowie in allen Interaktionsformen) diverse Formen der Macht- und Herrschaftsausübung zwischen verschiedenen Diskursteilnehmer*innen sowie hinsichtlich der Frage, wer überhaupt als Teilnehmer*in betrachtet bzw. als Teil des Diskurses anerkannt wird (Bendix 2013, S. 188; Foucault 2003, S. 212; Keller 2008; Roos 2013; Ziai 2006, S. 12 ff., 2016). Kollektives Wissen bzw. scheinbar objektive Wissensvorräte – auch als Episteme bezeichnet – sind somit immer in einen sozialen sowie historischen und überdies meist konfliktiven Kontext eingebettet (Foucault 1978, S. 123; 2003, S. 211 ff.; Ziai 2006, S. 12). Wie bereits angedeutet, nehmen wissenschaftliche Diskurse hierbei eine gewisse Sonderstellung ein, da einerseits nur ein relativ kleiner und ausgewählter Personenkreis Zugang zu den akademisch-wissenschaftlichen Diskursen hat und diese als Expert*innen überdies eine besonders privilegierte Position und Rolle bei der Konstruktion von kollektiv anerkannten Wissensvorräten innehaben (Foucault 2003; Ziai 2006). Wie es ihre Berufsbezeichnung verdeutlicht, sind Wissenschaftler*innen diejenigen Mitglieder einer Gesellschaft, die ‚Wissen schaffen' sollen.

Zugleich sind die Wissensvorräte zwischen den Mitgliedern einer (zivilgesellschaftlichen oder auch wissenschaftlichen) Gemeinschaft häufig ungleichmäßig verteilt, was wiederum an subjektiven Wissensvorräten einzelner Diskursteilnehmer*innen deutlich wird. So können theoretisches Expert*innen- oder Fachwissen und entsprechende Symbol- und Deutungsschemata unterschiedlich auf einzelne Mitglieder einer sozialen Gruppe oder Gemeinschaft verteilt sein. Infolge unterschiedlicher Wissensvorräte und Zugangsmöglichkeiten zu einem Diskurs bestehen dadurch ungleiche Ausgangsbedingungen und Möglichkeiten für einzelne Personen oder Gruppen, an der Aushandlung und Legitimierung neuer Wissensvorräte mitzuwirken (Keller 2012, S. 200 f., 220). Als Resultat werden andere Wissensvorräte oder Praktiken der Wissensproduktion, die nicht mit der dominanten Perspektive übereinstimmen, zu stark von dieser abweichen, oder sich nicht in das bestehende System integrieren lassen, häufig als ‚unwissenschaftlich' oder fehlerhaft denunziert und dadurch vom Diskurs ausgeschlossen und marginalisiert (Foucault 2003, S. 212; Keller 2008, S. 75; Ziai 2006, S. 12).

Innerhalb dieser diskursiven Deutungskämpfe kommt dem Gebrauch von sprachlichen Symbolen und Narrativen eine Schlüsselfunktion zu.

Narrative sind nach meinem Verständnis orientierungsgebende Erzählbausteine oder einzelne Begriffe/Bezeichnungen, die komplexe Dinge, Gegenstände, Vorstellungen, Sachverhalte, Probleme etc. mittels einer (meist) relativ einfach verständlichen, zugänglichen sowie zumeist eindringlichen (metaphorischen oder symbolischen) Wortwahl beschreiben können. Narrative ermöglichen es, abstrakte theoretische Annahmen und/oder Argumentationsstrategien mit normativen Inhalten und Bedeutungen aufzuladen, wodurch die Auffassung und das Verständnis der Zuhörenden maßgeblich beeinflusst werden können – im Positiven wie Negativen. Narrative bieten somit die Möglichkeit einer symbolisch-sprachlichen Vermittlung zwischen vielen verschiedenen Personen innerhalb oder auch zwischen verschiedenen Gemeinschaften, indem bestimmte Deutungsschemata mithilfe jener Erzählbausteine und Begriffe vereinfacht umschrieben und kommuniziert werden (Merchant 1989). Ob ein präsentiertes Narrativ subjektiv (und später kollektiv) geteilt wird, ist dabei unter anderem von der individuellen Interpretation und Verwendung jenes Narrativs durch die Diskursteilnehmer*innen abhängig (Hermwille 2016).

Diese Prämissen können (bzw. müssen) ebenso auf die Wissenschaften übertragen werden. Auch Wissenschaftler*innen sind keineswegs frei von eigenen Wertvorstellungen, Ideen, Interessen, normativen Grundsätzen etc., die ihren Blick auf die soziale Wirklichkeit, die damit einhergehende Interpretation sowie die darüber getroffenen Aussagen entsprechend beeinflussen. Unsere Grundannahmen, Vorstellungen, Deutungen und Wissensvorräte bestimmen, wie wir auf die (soziale) Wirklichkeit schauen, was wir sehen (wollen/können) und wie wir das Gesehene beurteilen, bewerten und beschreiben. Im wissenschaftlichen Kontext wird diesbezüglich häufig die Metapher der (Theorie-)Brille verwendet (Gorke 2018, S. 91; Roos 2017; Weller 2014, S. 26), durch die wir auf die Wirklichkeit bzw. den gewählten Forschungsgegenstand schauen und diesen entsprechend wahrnehmen und interpretieren. Aus dieser Perspektive gibt es keine ewig fixierte Regelung oder universell gültigen Antwortkatalog für die Fragen, was als richtig oder falsch, wahr oder unwahr, gut oder schlecht, moralisch oder unmoralisch gilt. Auch unsere moralisch/ethischen Grundsätze sind, als ein soziales Konstrukt, zeitlichen und räumlichen Kontexten menschlichen Zusammenlebens unterworfen (Franke & Roos 2018; Gorke 2018; Kim 2007).

Angesichts der hier zugrundliegenden sozialkonstruktivistischen Perspektive kann und wird folglich auch für alle nachfolgenden Aussagen,

Argumente und Einsichten kein Anspruch auf Objektivität oder Universalität erhoben. Meine Einsichten und Argumente stellen (sowie die hier herangezogenen Theorien) eine von vielen möglichen Sichtweisen oder Brillen auf die Wirklichkeit sowie die hiesige Thematik dar. Ich bin überzeugt, dass die Chance, ‚sinnvolles' Wissen zu kultivieren, umso größer ist, je mehr divergente Sicht- und Wissensweisen in den Prozess der Aushandlung und Institutionalisierung neuer Wissensformen einfließen und berücksichtigt werden. Wie der peruanische Soziologe Aníbal Quijano hervorhebt, wäre schließlich nichts weniger ‚rational', als zu behaupten, die eigene Kosmo-, Onto- und/oder Epistemologie wäre die einzig richtige und universell gültige (Quijano 2007, S. 177).

Übertragen auf die hier behandelte Thematik bedeutet dies, dass auch die nachfolgend betrachteten Theorieperspektiven keinesfalls absolute Wahrheiten präsentieren, aber dennoch einen beträchtlichen Einfluss auf das Denken und Handeln ihrer Vertreter*innen ausüben sowie auch diejenigen Menschen beeinflussen können, die mit jenen Perspektiven in Berührung kommen. Unsere Vorstellungen und Ideen sowie das Wissen, dass wir (Menschen) über die Natur (sowie uns selbst) konstruieren und zu besitzen glauben, beeinflussen die Art und Weise, wie wir die Natur (sowie uns selbst) wahrnehmen, welche Verbindung/Beziehung wir mit der Natur zu haben glauben und wie wir unser Handeln ‚ihr' gegenüber ausrichten (Escobar 1995; Merchant 1989). Unsere ontologischen Annahmen und die damit verbundenen Narrative – also das, was wir uns unter dem Begriff Natur vorstellen, wie wir Natur denken und wie wir ‚über sie' und ‚mit ihr' kommunizieren – bedingen unser Handeln und besitzen hierdurch eine grundlegende normative Dimension.

> It is important to recognize the normative import of descriptive statements about nature. [...] Descriptive statements about the world can presuppose the normative; they are then ethic-laden. A statement´s normative function lies in the use itself as description. The norms may be tacit assumptions hidden withing the description in such a way as to act as invisible restraints or moral ought-nots. The writer or culture may not be conscious of the ethical import yet may act in accordance with its dictates. The hidden norms may become conscious or explicit when an alternative contradiction presents itself. [...] By examining changes in descriptions of nature, we can [...] perceive something of the changes in cultural values. [...] New commercial and technological innovations [...] can upset and undermine an

> established conceptual structure. New human and social needs can threaten the associated normative constraints, thereby demanding new ones (Merchant 1989, S. 4 f.).

Wie einleitend skizziert, erscheinen m.E. die derzeit im globalen Norden (sowie auch in großen Teilen des globalen Südens) dominierenden Interpretationen und Narrative dessen, was Natur ist, was sie ausmacht, ob wir Teil dieser sind, welches Verhältnis wir Menschen zu ihr pflegen und wie wir mit ihr umgehen können, mehr als fehlgeleitet. Gerade hier scheinen die (vermeintlich objektiven) Wissenschaften und ihre jeweiligen ontologischen Annahmen sowie erkenntnistheoretischen Methoden maßgeblichen Einfluss an der Konstruktion und Reproduktion dieser Perspektive zu nehmen (Mignolo 2018, S. 143, 187, 214; Walsh 2018, S. 28). Der zunehmend häufiger gebrauchte Begriff des Anthropozäns – der das geochronologische Erdzeitalter des/der Menschen umschreibt – legt nahe, welches Weltbild die Gesellschaften des globalen Nordens vertreten und wie wir das Natur-Mensch-Verhältnis interpretieren (Mignolo 2018, S. 117).

> At least in the West, it [the attitude of anthropocentrism] evolved into a philosophic habit of pitting humanity against nature, and gave rise to related dualisms such as the divide between subject versus object, mind versus body, masculine versus feminine, civilized versus barbarian. These classic ideological categories legitimize devastation of the natural world, as well as the exploitation of sex-gender, racial, and civilizational differences (Kothari et al. 2019, S. xxii).

Diese anthropozentrische und dualistische Brille, durch die die Gesellschaften des globalen Nordens die Natur betrachten, als sei sie eine von der menschlichen Gemeinschaft separate Sphäre, scheint m.E. eine der zentralen Ursachen – wenn nicht sogar der Kern – all derjenigen ökologischen (sowie auch vieler sozialer) Probleme und Herausforderungen zu sein, vor denen wir heute wie zukünftig stehen (werden) (Alimonda 2019; Blaser 2019; Cullinan 2019; Escobar 2010, 2018; Grzybowski 2019; Inoue & Moreira 2016; Kothari et al. 2019; Mbembe 2015; Schulz 2017; Seed 2019; Svampa 2019). „Im Anthropozentrismus findet sich die Trennung des Menschen von der Natur, d.h. die Naturlosigkeit unseres Selbstverständnisses und die Wertlosigkeit der Natur in unserem Denken" (Kim 2007, S. 443).

In diesem Sinne scheint das eigentliche Problem aber weniger das Handeln einzelner (oder auch vieler) Personen, Unternehmen oder Staaten, sondern vielmehr die diesen Strukturen kollektiven (sowie individuellen) Handelns zugrundeliegenden dominanten Vorstellungen, Deutungsschemata und Wissensweisen über die Natur sowie unser Verhältnis zu dieser zu sein. Bereits die Schwierigkeit, die vorliegende Problematik zu benennen, ohne dabei ständig in den Natur-Mensch-Dualismus zurückzufallen, zeigt m.E. einmal mehr, wie schwer es ist, diese Denkweise zu kritisieren oder gar zu durchbrechen. „In other words, a new understanding of ontology, epistemology, ethics and politics has to be achieved. It can only be achieved by overcoming anthropocentrism and humanism, the split between nature and culture" (Mbembe 2015, S. 26). Und obwohl immer offensichtlicher wird, dass die derzeitigen Strategien sowie die dahinterliegende anthropozentrische Weltsicht wohl kaum zu einer ernstzunehmenden Milderung, geschweige denn zu einer Besserung der bereits bestehenden sowie künftig hinzukommenden Missstände führen wird, halten die politischen, wirtschaftlichen sowie wissenschaftlichen Machtzentren unerbittlich an dieser Vorstellung fest.

Dennoch, so pessimistisch das (bzw. mein) Bild auch gezeichnet sein möge, die Deutungsschemata und Vorstellungen, die wir über die Natur und über unser Verhältnis zu ihr besitzen und pflegen, sind eben keine unveränderlichen Wahrheiten oder Universalismen; im Gegenteil, als unsere Konstruktionen sind sie reflektier- und veränderbar und es gibt eine steigende Zahl an Menschen, die die Hoffnung auf eine sich zum Positiven wendende Zukunft nicht aufgeben und Visionen einer für *Alle* lebenswerten Welt – einem Guten Leben für Alle (Ambach et al. 2019) – zu träumen wagen. Wir haben die Möglichkeit, unser Denken und Handeln zu reflektieren und damit unsere Wirklichkeit zum Positiven zu verändern. Diese Reflexion und (Re-)Konstruktion – im intellektuellen sowie praktischen Sinne – sollte aber nicht nur als eine kollektive Aufgabe aller Menschen gedacht werden. Wir existieren nicht unabhängig von der Natur, wir sind ein Teil dieser, untrennbar mit ihr verbunden und gestalten die Welt gemeinsam mit allen anderen Wesen. „Nature is a co-construction among humans and nonhumans. We thus have the possibility of engaging in new conversations with and around nature, involving humans and nonhumans together in the reconstruction of nature as public culture" (Escobar 1995, S. 207).

Eine Transformations- und Nachhaltigkeitsperspektive hin zu einem Guten Leben für Alle, mit der ich mich bis dato beschäftigte und in vielerlei Hinsicht sehr gut identifizieren kann, ist die der sog.

Degrowth- bzw. Postwachstums-Bewegung. Nach meinem Verständnis ist Degrowth (DG) eine vornehmlich in Europa sowie Nordamerika vertretene und aktive Bewegung, die sich aus einer Vielzahl von Aktivist*innen und Wissenschaftler*innen zusammensetzt und – vereinfacht gesagt – eine scharfe Kritik an den Lebens- und Produktionsweisen der westlich-kapitalistischen Gesellschaften übt sowie darüber hinaus eine sozial-ökologische Transformation hin zu einem Guten Leben für Alle fordert. Trotz einer großen Vielfalt und Heterogenität sowie einer wachsenden zivilgesellschaftlichen Basis, scheint DG dennoch eine stark durch den akademisch-wissenschaftlichen Kontext geprägte Bewegung, die sich überdies vornehmlich an die Gesellschaften des globalen Nordens richtet (Bendix 2017; Dengler & Seebacher 2019; Escobar 2015; Kallis, Demaria & D´Alisa 2015; Nirmal & Rocheleau 2019). Das zentrale Anliegen von DG ist zusammengefasst die Frage,

> wie die materiellen, sozialen und mentalen Infrastrukturen der gegenwärtig strukturell wachstumsabhängigen Gesellschaften so verändert werden können, dass sie ohne weiter stetig steigenden Material- und Energiedurchsatz nicht nur überlebensfähig, sondern auch in der Lage sind, soziale Gerechtigkeit, Selbstbestimmung und ein gutes Leben für alle zu ermöglichen (Schmelzer et al. 2018, S. 4).

DG vertritt eine sehr kritische bis ablehnende Haltung gegenüber aktuellen Abwandlungen des Wachstumsmantras wie denen eines grünen, qualitativen oder nachhaltigen Wachstums. Wachstum ohne Naturzerstörung sei eine Illusion und (zumindest in näherer Zukunft) nicht realisierbar. Angestrebt wird eine sozial-ökologische Transformation, die das Ziel eines Guten Lebens für Alle unter gleichzeitiger Berücksichtigung der planetaren Grenzen umzusetzen versuche (Brand & Krams 2018, Burkhart et al. 2017; Eversberg & Schmelzer 2016). Hierfür reiche allerdings eine Transformation der sozialen Verhältnisse – der materiellen Infrastrukturen – nicht aus und es bedürfe eines ebenso tiefgreifenden Wandels der Denkmuster, Werte und Normen – der mentalen Infrastrukturen – unserer Gesellschaften des globalen Nordens (Ambach et al. 2019; Schmelzer et al. 2018). „So ist das Ziel einer Degrowth-Perspektive nicht primär, die Wirtschaftsleistung, *wie sie derzeit ist*, einfach zu schrumpfen. Vielmehr geht es darum, Wirtschaft, Gesellschaft, soziale Verhältnisse ganz anders zu gestalten“ (Muraca 2017, S. 9). Während sich DG bei ihren Konzepten einer sozial-ökologischen Transformation mit einem intra- und intergenerationellen Gerechtigkeitsanspruch bei der sozialen Frage klar zu positionieren scheint, werden die normativen Grundlagen und Fragen der ökologischen Dimension seltener thematisiert. Wie eine sozial-ökologisch gerechte und nachhaltige Lebensweise aussehen könnte und auf welchen Grundprinzipien diese aufbauen könnte/sollte, bleibt daher häufig unklar. Zwar orientieren sich mehrere Vertreter*innen von DG an den Prinzipien der starken Nachhaltigkeit (Muraca & Döring 2018; Pissarskoi et al. 2018), doch sollten die diesbezüglichen umweltethischen Argumente und Konsequenzen m.E. stärker berücksichtigt, diskutiert und offengelegt werden (Thomay 2020). DG sollte die ökologische Frage ernster nehmen, ohne wiederum dabei die soziale auszublenden. Beide Dimensionen sollten als gleichwertig und untrennbar miteinander vereint gedacht werden.

Aber auch wenn DG derlei Aspekte stärker einbeziehen sollte, bleibt sie aktuell nach meiner Einschätzung eine relativ kleine Bewegung, die vorwiegend in den Gesellschaften des globalen Nordens aktiv vertreten ist und sich auch vornehmlich an diese richtet. Um aber das Ziel einer weltweiten sozial-ökologischen Transformation erreichen zu können, bedarf es mehr als nur einer Bewegung/Perspektive, die sich nahezu ausschließlich an die eigene Gesellschaft wendet bzw. nur diese berücksichtigt. Zwar scheint es sinnvoll sich als eine auf diese Regionen ausdehnende Bewegung auch mit diesen Gesellschaften und deren Transformation zu beschäftigen, doch dürfen dabei andere Perspektiven und Anliegen aus anderen Regionen nicht außer Acht gelassen werden. Für eine gelingende globale sozial-ökologische Transformation bedarf es einer Gemeinschaft – einer Allianz – aus unzähligen kleinen und großen, lokal, national wie global verteilten und agierenden Bewegungen und ihrer aller Perspektiven, um zusammen Visionen eines Guten Lebens zu verfolgen und zu versuchen, Frieden zwischen den Menschen sowie mit der Natur zu finden (Kothari et al. 2019). „The alternatives, whatever they may be, cannot emerge from a cultural monologue; instead, an intercultural exchange must necessarily take place" (Gudynas 2013, S. 37).

Mit der Idee, den Blick auf ähnliche Bewegungen bzw. Theorieperspektiven auszuweiten, die im Gegensatz zu DG (auch bzw. verstärkt) im globalen Süden bekannt und aktiv sind, um nach gemeinsamen Nennern für mögliche Allianzen oder Partnerschaften zu suchen, stieß ich – angeregt durch Hinweise einiger DG-Autor*innen sowie durch Kommiliton*innen und Dozent*innen – auf die *Postdevelopment*-Theorie sowie den *Modernity/Coloniality/Decoloniality*-Ansatz. Wie Vertreter*innen aller drei Theorieschulen – Degrowth, Postdevelopment und

Modernität/Kolonialität/Dekolonialität – darauf aufmerksam machen, gibt es bisher nur relativ wenige Unternehmungen, die einzelnen Theorieperspektiven näher zusammenzuführen, um an gemeinsamen Allianzen zu schmieden (Bendix 2017; Brand 2015; Dengler & Seebacher 2019; Escobar 2015; Kothari, Demaria & Acosta 2014; Martínez-Alier 2012; Rodríguez-Labajos et al. 2019). Trotz diverser Überschneidungen und gemeinsamer Anliegen zwischen den verschiedenen Theorien würden die jeweils anderen Perspektiven (zu) selten einbezogen oder sogar vollständig ausgeblendet.

Diese Kritik kann m.E. zwar durchaus an alle drei genannten Theorieschulen gerichtet werden, doch betrifft sie eben auch mich und meine bisherige Auseinandersetzung mit Nachhaltigkeits- und Transformationskonzepten. Zugleich initiierte diese Kritik einen spannenden und überaus konstruktiven Prozess, der es mir ermöglicht, angeregt durch jene Theorieperspektiven, meine eigene Sichtweise fortlaufend kritisch hinterfragen und reflektieren zu können. Diese Irritation möchte ich in der nötigen Kürze knapp darstellen.

Sowohl Postdevelopment als auch der Modernity/Coloniality/Decoloniality-Ansatz (sowie die postkoloniale Theorie) üben eine (teils sehr) explizite Kritik an den westlichen Lebens-, Produktions- und Denkweisen, die neben politischen, ökologischen, ökonomischen und sozialen Dimensionen auch die ontologischen und epistemologischen Fundamente und Praktiken der Wissenschaften (und Philosophien) inkludiert. Obwohl die große Mehrzahl, der in den nachfolgenden Kapiteln erläuterten Kritiken und Anliegen beider Theorieperspektiven mit meinen Gedanken und Eindrücken übereinstimmen, gibt es zugleich einige Kritikpunkte, die auch auf meine eigene Denk- und Arbeitsweise (sowie auf die der DG-Bewegung) übertragbar sind. Ein wichtiger, Kritikpunkt ist der bereits erwähnte Aspekt, dass Perspektiven aus dem globalen Süden sowie deren Wissens- oder Lebensweisen häufig unzureichend oder gar nicht berücksichtigt und manchmal sogar als ‚unwissenschaftlich' oder ‚unterentwickelt' diskeditiert werden (Escobar 2015; Dengler & Seebacher 2019; Nirmal & Rocheleau 2019; Rodríguez-Labajos et al. 2019). „Degrowth proponents based in political economy or scientific ecology often disparage talk of ‚Mother Earth' as irrational and backward" (Nirmal & Rocheleau 2019, S. 469). Seitens DG bestehe zu wenig Bereitschaft, sich anderen Wirklichkeits-verständnissen und Lebenswelten zu öffnen (Nirmal & Rocheleau 2019; Demaria, Kallis & Bakker 2019). Auch der deutsche Politikwissenschaftler Daniel Bendix stellt fest, dass „Autor*innen aus dem Süden

[…] in den Degrowth-Debatten auffällig selten auf[tauchen]“ (Bendix 2017, S. 290). DG sei zu eng auf den globalen Norden fixiert und dürfe sich nicht als Bewegung stellvertretend für den globalen Süden betrachten. So weisen Corinna Dengler und Lisa Marie Seebacher mit der Metapher von Nikita Dhawan zurecht darauf hin, dass „[…] as we all know, though we might be facing the same storm, we are not all in the same boat, and that makes all the difference” (Dhawan 2013, S. 145; vgl. auch Dengler & Seebacher 2019, S. 247). DG schenke auch der Dimension von Modernität/Kolonialität zu wenig Aufmerksamkeit (Escobar 2015). Padini Nirmal und Dianne Rocheleau weiten diesen Kritikpunkt auch auf Postdevelopment aus und „argue that degrowth and post-development have to be decolonial or nothing at all“ (Nirmal & Rocheleau 2019, S. 471). Um die Reproduktion neokolonialer Strukturen zu vermeiden, müsse sich DG stärker an Bewegungen und Perspektiven aus dem globalen Süden orientieren, diese stärker einbeziehen und zugleich die eigene Sichtweise als eine im globalen Norden verortete und damit als eine von vielen lokalen Perspektiven begreifen (Dengler & Seebacher 2019; Escobar 2015). Eine der Folgen, die mit der Fixierung auf den globalen Norden und der unzureichenden Berücksichtigung anderer kosmologischer, ontologischer und epistemologischer Verständnisse einhergehe, sei, dass DG häufig in einer anthropozentrischen Perspektive verweile und dadurch auch Vorstellungen einer nicht-anthropozentrisch konzipierten Natur-Mensch-Beziehung unzureichend berücksichtige (Dengler & Seebacher 2019; Escobar 2015; Nirmal & Rocheleau 2019).

> Ultimately, many ideas present in the degrowth approach are perceived as very anthropocentric, and far too influenced by economic theory. […] A radical missing topic is the non-anthropocentric/Nature's perspective that leads to an absolute transformation of the relationship between humans and their environments (Rodríguez-Labajos et al. 2019, S. 178 f.).

Escobar kommt diesbezüglich zu einer interessanten Einschätzung:

> At the same time, DG has stronger ecological roots and visions (from strong sustainability and ecological economics to sustainable degrowth) than PD [Post-Development] (with view exceptions), though paradoxically DG can be said to remain more anthropocentric than PD, where biocentrism, ‚rights of nature’ movements, and non-dualist approaches […] have made more clear strides in recent years (Escobar 2015, S. 6).

Um ein solches Natur-Mensch-Verständnis und Wertesystem bestärken zu können, müsse sich DG intensiver mit divergenten Wissensformen und Praktiken anderer (meist indigener) Gesellschaften auseinandersetzen, diese aufwerten und in eigene Denkweisen und Konzeptionen integrieren (Dengler & Seebacher 2019; Escobar 2015; Nirmal & Rocheleau 2019). „At this point, EJ [Environmental Justice] organisations invite degrowth to learn about non-anthropocentric thinking and practices from people in Latin America when conceiving of radical transitions" (Rodríguez-Labajos et al. 2019, S. 178 f.).

> To expand its political and intellectual legitmacy beyond where it has already found relevance, we suggest that degrowth advocates rethink their understanding of both ‚nature' and ‚culture' in conversation with people from intellectually, geographically and economically diverse standpoints (Nirmal & Rocheleau 2019, S. 469).

Ziel dieses Beitrags ist es, diesen Einladungen zu folgen, ihre jeweiligen Verständnisse von Nachhaltigkeit sowie der Natur-Mensch-Beziehung kennen und verstehen zu lernen, um in einen stärkeren Austausch zu treten und gemeinsam an Strategien und Wegen einer sozial-ökologischen Transformation bzw. Transition zu arbeiten. Meine zugrundeliegende Motivation besteht darin, es den Leser*innen sowie mir zu ermöglichen, von den Kritiken, Anliegen, Theorien, Praktiken und Visionen zu lernen, nicht um sie zu vereinnahmen und als die eigene Perspektive auszugeben, sondern um die eigene Sichtweise zu reflektieren und zu korrigieren, sie zu verlernen und eine *dekoloniale Haltung* (Maldonado-Torres 2007, S. 262; Walsh 2018, S. 17) zu entwickeln, sich also auf einen Prozess einzulassen, der Dekolonisierung fördert.

> Perhaps most important of all, embracing the promise of global research means rethinking our positions relative to other peoples, cultures, epistemologies, ontologies, values, institutions, political organizations, and religions that together speak to how people are relating and being in the world. [...] Decentering the production of global knowledge is not just an ethical response to the centuries of colonialism and imperialism that have marginalized the ideas of non-Western societies in Western scholarship — though it is that. [...] In other words, decentering, or what some scholars call *decolonizing*, the production of global knowledge means that we must all learn from one another to develop the kinds of solutions that global challenges require. It is not enough just to listen to others as a token of respect. We must all be open to learning from each other and be prepared to transform dominant concepts, ideas, and notions of self and community to better speak to our intertwined collective future (Darian-Smith & McCarty 2017, S. 229 f.).

Ich spreche bzw. schreibe aus einer westlich-europäischen Perspektive und Position, die sich im epistemischen sowie geographischen Zentrum des modernen/kolonialen kapitalistischen Weltsystems befindet. In diesem epistemischen Zentrum wurde ich, ein weißer Mann, geboren, erzogen und sozialisiert. Meine persönliche (Theorie-)Brille sowie mein Denken sind durch mein Heranwachsen als ein privilegierter Teil dieser Gesellschaft und der damit verbundenen (gesellschaftlichen sowie später wissenschaftlichen) Sozialisation geprägt. Meine Position, ein Teil dieses (Macht-)Zentrums zu sein, birgt neben Privilegien, wie bspw. der Möglichkeit diesen Text zu verfassen, ebenso eine durch diese Position bedingte – genauer gesagt, beschränkte – Perspektivität auf die Welt, die ich zwar reflektieren und ‚verschieben', aber nie ganz ablegen kann. Dieses epistemische Zentrum (und somit auch mein eigenes Denken und Sein) möchte ich – trotz der damit verbundenen Schwierigkeiten und Unsicherheiten – versuchen, kritisch zu betrachten, indem ich vornehmlich denjenigen Stimmen zuhöre, die von diesem modernen/kolonialen System ausgeschlossen, unterdrückt oder zum Schweigen gebracht werden – denjenigen Stimmen, denen ich bisher nicht zuhörte: Ein Verlernen der eigenen Perspektive durch das Kennenlernen divergierender Sichtweisen.

Ich schließe mich diesbezüglich der Auffassung von Christina Yumie Aoki Inoue und Paula Franco Moreira – die sich auf L.H.M. (Lily) Ling (2014) beziehen – an, die ihre Idee von Dialog als ein ‚kreatives Sprechen und Zuhören zwischen multiplen Welten' (Inoue & Moreira 2016, S. 3) beschreiben. Dies bedeutet zugleich, dass mein Anspruch, die Arbeiten von Autor*innen zu betrachten, die sich mit nicht-europäischen indigenen/lokalen Perspektiven und Weltsichten auseinandersetzen, oder die selbst Teil solcher Gemeinschaften sind, nicht damit gleichgesetzt (oder verwechselt) werden sollte, dass ich eine solche Perspektive vollumfänglich verstehe geschweige denn repräsentiere. Meine Intention ist es nicht, *für* bzw. *über* diese zu sprechen/schreiben und deren Wissen zu vereinnahmen, sondern ihnen gewissenhaft und (selbst)kritisch zuzuhören, ihre Sichtweisen und Kritiken ernst zu nehmen, sie verstehen zu lernen und *‚mit ihnen zu denken'*, um mit ihrer Hilfe selbst eine dekoloniale Haltung (Maldonado-Torres 2007, S. 262) und Perspektive entwickeln zu können (Walsh 2018; siehe hierzu auch Kap. 3.).

> [The decolonial moment] reaches out to those who have been disdained, made invisible, or dispensable and listens to the alternatives from the

> outside of modernity. Its struggle is orientated under the sign of remembrance, a remembrance that wrests the voices out of the silence and oblivion of coloniality. A remembrance that provides an ethical orientation, as it engages in the task of understanding the suffering of the oppressed. It is the moment of delinking from the logic of modernity and recognizing the alternatives and the hope that are alive in the outside of modernity (Vázquez 2012, S. 2 f.).

Diese Idee eines kritischen Zuhörens birgt angesichts der hier verfolgten Thematik einige Herausforderungen. Wie bereits angedeutet, beziehen sich Vertreter*innen von Postdevelopment sowie des Modernity/Coloniality/Decoloniality-Ansatzes in ihren Konzepten und präsentierten Alternativen sehr häufig auf soziale Bewegungen sowie indigene und lokale Gemeinschaften, denen sie teils selbst angehören. Wie besonders Autor*innen des Modernity/Coloniality/Decoloniality-Ansatzes deutlich machen, lassen sich viele der Ontologien/Kosmologien und Natur-Mensch-Beziehungskonzeptionen indigener/lokaler[2] Gemeinschaften aus einer westlichen Perspektive und Weltsicht nicht oder kaum ‚übersetzen'. Darüber hinaus bestehe bei einer Analyse und Interpretation auf Basis dominanter westlicher/akademischer Methodologien die Gefahr, dass diese teils stark divergierenden Weltsichten und Philosophien falsch ausgelegt, vereinfacht, denunziert und/oder vereinnahmt werden könnten (Escobar 1996, S. 334; Vázquez 2011, 2012; Walsh 2018). Meine Intentionen ist es nicht, ihre Perspektiven zu vereinnahmen, um sie in das epistemische Territorium der Moderne (Vázquez 2011) zu inkorporieren oder gar als mein Denken auszugeben, sondern ihren Kritiken an der dominanten eurozentrisch geprägten Denkweise über die hiesige Thematik der Nachhaltigkeit und Natur-Mensch-Beziehung sowie ihren diesbezüglichen Sichtweisen und Vorstellungen zuzuhören.

> ‚Listening as critique' is not the artifice of a critique that judges and prescribes a utopia, nor the arrogance of a critique that denies hope; it is a critique that opens, that humbles, a critique that builds understanding in and through listening (Vázquez 2012, S. 6).

---

2 Die Unterscheidung zwischen indigenen und lokalen Gemeinschaften soll ebenfalls keine monolithische Trennung unterlegen. Ortsbasierte Gemeinschaften bzw. place-based-Collectives können eine indigene Gemeinschaft sein, doch ist dies, wie bei den von Escobar genannten afro-kolumbianischen Gemeinschaften, nicht immer der Fall (siehe Kap. 4.2).

Das Ziel ist somit, einerseits Einblicke in die Perspektiven und Theorien von Postdevelopment sowie dem Modernity/Coloniality/Decoloniality-Ansatz zu erhalten, indem sowohl ausgewählte klassische als auch aktuelle Beiträge verschiedener Autor*innen zusammengetragen werden. Andererseits sollen sowohl die Kritiken beider Theorieperspektiven an den dominanten (eurozentrisch geprägten) Verständnissen und Narrativen von Nachhaltigkeit sowie der diesem Verständnis zugrundeliegenden Vorstellung der Natur-Mensch-Beziehung als auch die von ihnen präsentierten und vorgeschlagenen Alternativen hierzu dargestellt werden.

Einige der nachfolgend aufgeführten Kritiken sowie auch Alternativen divergieren zu großen Teilen sehr stark von der westlichen Auffassung von Natur (sowie vielen weiteren Konzepten/Vorstellungen/Begrifflichkeiten), weshalb diese aus einer eurozentrisch rationalistisch-positivistischen geprägten Weltsicht häufig als animistisch, mystisch, primitiv, veraltet oder schlicht unhaltbar erscheinen und entsprechend diffamiert oder ausgeschlossen werden. Es nicht das Ziel, den potenziellen Wirklichkeitsbezug oder Wahrheitsgehalt dieser Weltsichten zu prüfen oder zu kritisieren, sondern sie – wie meine eigene – als eine von vielen Deutungsmöglichkeiten zu betrachten. Hiermit verbunden lässt sich eine weitere Herausforderung festmachen: Indem die in den nachfolgend behandelten Theorien herangezogenen indigenen/lokalen Perspektiven als potenzielle Vor- und Leitbilder eines nachhaltigen und Guten Lebens für Alle sowie einer damit verbundenen Sichtweise auf die Natur dargestellt und beschrieben werden, besteht wiederum die ‚Gefahr' einer Romantisierung. Hier möchte ich darauf hinweisen, dass es mir – auch wenn sich dies nicht vollständig vermeiden lässt – nicht um eine Idealisierung und/oder Romantisierung indigener Perspektiven und ihrer Lebensweisen geht. Es ist mir bewusst, dass auch in derlei Gemeinschaften/Gesellschaften soziale und auch ökologische Missstände und nicht selten patriarchale oder anderweitig diskriminierende Strukturen existieren. Auch wenn diese nicht explizit in den Vordergrund gestellt werden, möchte ich hierdurch weder das Bild eines ‚noble savage' vermitteln bzw. reproduzieren noch ein vermeintliches ‚Zurück zur Natur' propagieren, sondern ihren vielfältigen Perspektiven, Kritiken und Visionen Aufmerksamkeit schenken, ihren jeweiligen Ansichten (selbst)kritisch zuhören und sie ebenso ernst nehmen, wie ich es mir bei meiner eigenen Perspektive wünsche.

> […] [T]he task of listening to the outside of modernity is one that recognizes the common people, the impoverished, in short all those that have

> been disdained, as the very source of decolonial critique. It is all those that modernity has materially exploited, categorized as ‚other' along racial, economic and gender hierarchies, all those that have been made dispensable vis-à-vis the project of modernity, who are the source and foundation of a critique, of a contestation and of thought able to delink from the modern/colonial rule (Vázquez 2012, S. 7).

> To speak of translation as struggle enables us to change the terms of the conversation from an economy of truth into a politics of difference, an ecology of differences. It brings the recognition that there is difference outside the paradigm of unity of modernity, that modernity's epistemic territory has been kept and expanded precisely by the incorporation and disdain of difference. By exposing the hegemonic politics of border keeping, of epistemic translation as erasure, we can behold the existence of other knowledges and the possibilities of configuration of ‚intercultural dialogues', of a politics of plurality. […] Translation as struggle, translation not as border keeping but as border breaking, not as erasure but as the preservation of difference, speaks of a movement of recognition, remembrance and emergence (Vázquez 2011, S. 41 f.).

Letztlich bleibt darauf hinzuweisen, dass die Darstellung beider Theorieperspektiven keinesfalls vollständig und erschöpfend geleistet werden kann. Ebenso scheint es nicht möglich, jeweils alle von den Theorieperspektiven behandelten Themen- und Forschungsschwerpunkte vollumfänglich und detailliert darzustellen, weshalb ich mich auf die zentralen sowie darüber hinaus auf die für die hiesige Thematik notwendigen Grundlagen beschränke. Für eine ausführlichere Betrachtung der Postdevelopment-Perspektive empfehle ich die Sammelbände *The Development Dictionary* von Wolfgang Sachs (2010), *Postdevelopment in Practice* (2019) von Elise Klein und Carlos Eduardo Morreo sowie *Pluriverse – A Post-Development Dictionary* (2019) von Ashish Kothari, Ariel Salleh, Arturo Escobar, Federico Demaria und Alberto Acosta.

Hinsichtlich des Modernity/Coloniality/Decoloniality-Ansatzes bzw. dekolonialer Theorien empfehle ich die Veröffentlichung *On Decoloniality – Concepts, Analytics, Praxis* von Walter Mignolo und Catherine Walsh (2018), den Sammelband von Walter Mignolo und Arturo Escobar *Globalization and the Decolonial Option* (2010), den Sammelband von Pablo Quintero und Sebastian Garbe *Kolonialität der Macht – De/Koloniale Konflikte: zwischen Theorie und Praxis* (2013) sowie die Diplomarbeit von Sebastian Garbe (2012).

Darüber hinaus wird auf eine gesonderte Trennung von post- und dekolonialen Perspektiven verzichtet, obwohl einige der hier zitierten Autor*innen (bspw. Ashish Kothari oder auch Aram Ziai und Daniel Bendix) ebenso gut der postkolonialen Perspektive ‚zugeordnet‘ werden könnten (siehe hierzu Boatcă 2016).

3. Theoretische Grundlage

Bevor die theoretischen Grundlagen der Postdevelopment-Perspektive (Kap. 3.1) und des Modernity/Coloniality/Decoloniality-Ansatzes (Kap. 3.2) erläutert werden, möchte ich erneut darauf hinweisen, dass es sich hierbei um eine mögliche Lesart beider Theorien handelt.

Für ein kritisches Zuhören (Vázquez 2012) erachte ich es zugleich als notwendig sowie sinnvoll, den jeweiligen Autor*innen und ihren Worten vergleichsweise viel Raum zu geben und mit längeren – teils interpretationsoffenen – Zitaten zu arbeiten. Hierdurch möchte ich zweierlei Dinge befördern: Einerseits sollen die Autor*innen so viel als möglich für sich selbst sprechen können und möglichst wenig durch meine Interpretation und Perspektive verfälscht rezipiert werden.[3] Meine Intention ist es, ihre Perspektiven, Wahrnehmungen und Kritiken in den Mittelpunkt zu stellen, nicht um *über* sie zu schreiben, oder ihre Perspektive als die meine darzustellen, sondern, um es mit den treffenden Worten von Christine Walsh (2018) zu sagen, um *von* ihren Standpunkten aus, *mit* ihnen zu denken.[4]

> The intention is not to write *about*, nor is it to develop a narrative by simply citing a plethora of authors, contexts, and texts. Rather, it is to think *from* and *with* standpoints, struggles, and practices, from and with praxical theorizings, conceptual theorizings, theoretical conceptualizings, and theory-building actionings. It is to think from and with struggles that think and thought that struggle (Walsh 2018, S. 20).

Andererseits möchte ich es den Leser*innen erleichtern, diesen Schritt selbst zu gehen und zugleich eine eigene Lesart der beiden Theorieperspektiven bilden zu können.

Beide Theorieschulen zeigen m.E. vielerlei Parallelen und lassen sich angesichts der betrachteten Autor*innen nur schwerlich getrennt voneinander einordnen. Obwohl die beiden Theorien durchaus unterschiedliche thematische Schwerpunkte setzen, sich dabei auf divergente

3 Mir ist bewusst, dass bereits die Auswahl der Autor*innen, ihrer Texte und Zitate sowie die Art und Weise, wie ich sie darstelle, eine von mir getroffene Vorauswahl und Selektion ist und ich diesen Anspruch somit nur eingeschränkt erfüllen kann.

4 Wie Catherine Walsh mit Bezug auf Gloria Anzaldúa zugleich deutlich macht, geht eine solche Haltung dennoch mit dem Dilemma einher, wie *von* und *mit* (subalternisierten) Perspektiven gedacht werden kann, ohne *über* sie zu schreiben und sie dadurch zu vereinnahmen (Walsh 2018, S. 20 f.). Diese Schwierigkeit betrifft unweigerlich auch mein eigenes Denken und Schreiben.

theoretische Grundlagen beziehen und/oder verschiedene historische Betrachtungsrahmen und Dimensionen innerhalb ihrer Analysen fokussieren, scheinen sich die theoretischen Differenzen m.E. allerdings nicht zu widersprechen, sondern vielmehr gegenseitig zu ergänzen. Trotz vieler Parallelen zwischen den beiden Theorie(brille)n sollen diese in ihren Grundzügen zunächst dennoch separat voneinander eingeführt und erst im Anschluss, übertragen auf die hiesige Thematik, zusammengeführt werden. Angesichts einer solchen Darstellung und Reihenfolge erscheint es möglich, sowohl die Differenzen als auch deren Gemeinsamkeiten hervorheben zu können. In einem hieran anschließenden Abschnitt (Kap. 3.3) möchte ich gesondert auf die hier unterstellten Parallelen zwischen den beiden Perspektiven eingehen.

3.1 Die Postdevelopment-Perspektive

> *The last forty years can be called the age of development. This epoch is coming to an end. The time is ripe to write its obituary. [...] The idea of development stands like a ruin in the intellectual landscape. Delusion and disappointment, failures and crimes, have been the steady companions of development and they tell a common story: it did not work (Sachs 2010a, S. XV).*

Diese im Jahr 1992 von dem deutschen Soziologen und Theologen Wolfgang Sachs formulierte These repräsentiert in gewisser Hinsicht sowohl den Gründungszeitpunkt als auch den zentralen Kritikpunkt der sog. Postdevelopment-Perspektive. Zurückgehend auf ein gemeinsames Treffen zwischen Sachs, dem kolumbianisch-amerikanischen Anthropologen Arturo Escobar, dem mexikanischen Aktivsten Gustavo Esteva sowie dem österreichisch-amerikanischen Philosophen und Theologen Ivan Illich im September 1988 (Esteva & Escobar 2019, Sachs 2017), folgte knapp vier Jahre später die Erstveröffentlichung von *The Development Dictionary* (Sachs 2010), in der sie zusammen mit dem ehemaligen iranischen Diplomaten Majid Rahnema, der indischen Aktivistin und Physikerin Vandana Shiva, dem indischen Soziologen und Psychologen Ashis Nandy, dem französischen Ökonomen und Philosophen Serge Latouche und weiteren Wissenschaftler*innen und Aktivist*innen, die Idee bzw. das Konstrukt und den Diskurs von ‚Entwicklung‘ sowie die damit verbundene Praxis der ‚Entwicklungszusammenarbeit‘ bzw. ‚Entwicklungspolitik‘ fundamental in Frage stellten (Bendix 2017; Escobar 1992, 1995; Esteva 2010, 2018; Gudynas 2013;

Klapeer 2016; Klein & Morreo 2019; Sachs 2010a, 2010b, 2017, 2019; Ziai 2006, 2012, 2016). Weitere wichtige Postdevelopment-Vertreter*innen oder Autor*innen, die sich intensiv mit jener Theorieperspektive auseinandersetzen, sind beispielsweise die südafrikanische Politikwissenschaftlerin Sally Matthews (2004), der deutsche Politikwissenschaftler Aram Ziai (2006, 2010, 2012, 2016), der indische Soziologe und Umweltaktivist Ashish Kothari (Kothari et al. 2019) oder der uruguayische Sozialökologe Eduardo Gudynas (2013, 2017).

Das theoretische Fundament von Postdevelopment[5] (nachfolgend PD) gründet dabei maßgeblich auf den Einsichten des Poststrukturalismus sowie speziell der Diskurs- und Machtanalyse Michel Foucaults (Escobar 1992, 1995; Gudynas 2013, 2017; Klapeer 2016; Klein & Morreo 2019; Sachs 2010a, 2017; Ziai 2006). Darüber hinaus zeigen PD-Ansätze zudem deutliche Parallelen zur postmodernen, ideologiekritischen, dekonstruktivistischen, (öko-)feministischen sowie postkolonialen und dekolonialen Theorieschule (Escobar 2015; Esteva 2018, Gudynas 2013; Klein & Morreo 2019, Ziai 2016). Vereinzelt lassen sich auch Konzepte der ontological politics, wie sie in den Disziplinen der politischen Ökologie, Anthropologie, Ethnographie sowie den Science and Technologie Studies debattiert werden, in den Beiträgen von PD-Autor*innen wiederfinden (Gudynas 2017; Klein & Morreo 2019). Diese theoretische Vielfalt und Heterogenität spiegelt sich deutlich in den unterschiedlichen Anliegen und Thematiken verschiedener PD-Vertreter*innen wider (Ziai 2016).[6]

5 Bezüglich der Schreibweise von Postdevelopment (oder Post-Development) lehne ich in meine Version an Klein und Morreo (2019) an. Wie sie darauf hinweisen, würde der Bindestrich die Idee eines temporalen Markers bzw. eines klaren Endes des Entwicklungsdiskurses vermitteln, was nicht der Fall sei. Mit Bezug auf Quijano verweisen sie darauf, dass sich auch nach dem Ende des Kolonialismus dessen zugrundeliegende Machtstrukturen nicht aufgelöst hätten. Ähnlich sei es auch mit der Bezeichnung Postdevelopment, die nicht als eine Nach-Entwicklung verstanden werden sollte, sondern als ein Projekt und eine Form der Kritik, die diesen (noch nicht erreichten) Zustands anstrebe (Klein & Morreo 2019, S. 8 f.).

6 Aram Ziai schlägt zur genaueren Differenzierung der Postdevelopment-Perspektive eine Unterteilung in eine romantisierende (neo-)populistische Fraktion einerseits und eine skeptisch-kritische Fraktion andererseits vor, wobei er darauf hinweist, dass diese nicht eindeutig voneinander zu unterscheiden sind (Ziai 2012). Obwohl sich eine solche Tendenz in einigen der von mir betrachteten Texte teilweise bestätigt, möchte ich dennoch auf diese Unterteilung verzichten. Ziel dieses Beitrags ist es ausdrücklich nicht, über die potenzielle Zugehörigkeit einzelner Autor*innen zur Postdevelopment-Perspektive (oder auch zur dekolonialen

Aufbauend auf diesem Sammelsurium theoretischer Einflüsse versteht ein Großteil der PD-Vertreter*innen Entwicklung als ein Regime der Wahrheitsproduktion bzw. als einen historisch produzierten Diskurs (Escobar 1992, 1995; Gudynas 2013; Klapeer 2016; Sachs 2010a; Ziai 2006, 2012, 2016), dessen Anfänge auf die Zeit zwischen 1920 und 1949 datiert werden (Eckert 2015; Escobar 1995; Ziai 2010). Dieser Zeitraum wird auch als der Übergang vom Kolonial- zum Entwicklungsdiskurs bezeichnet (Escobar 1995, S. 27).

> [...] I propose to speak of development as a historically singular experience, the creation of a domain of thought and action, by analyzing the characteristics and interrelations of the three axes that define it: the forms of knowledge that refer to it and through which it comes into being and is elaborated into objects, concepts, theories, and the like; the system of power that regulates its practice; and the forms of subjectivity fostered by this discourse, those through which people come to recognize themselves as developed or underdeveloped. The ensemble of forms found along these axes constitutes development as a discursive formation, giving rise to an efficient apparatus that systematically relates forms of knowledge and techiques [sic!] of power (Escobar 1995, S. 10).

Postdevelopment problematisiert Entwicklung dabei in zweierlei Hinsicht. Einerseits unterliege dem Diskurs eine sehr spezifische und zwar westliche bzw. eurozentrische Vorstellung von Entwicklung, die den gesamten Diskurs dominiere und keinerlei andere Perspektiven auf Entwicklung zulasse. Andererseits habe das diesem Diskurs zugrundeliegende (westliche) Entwicklungsparadigma sowie die damit verbundene institutionalisierte und professionalisierte Praxis der Entwicklungszusammenarbeit tendenziell eher zu einer Verschlechterung der globalen Ungleichheits- und Lebensverhältnisse geführt, als dass sie zu deren Verbesserung beitragen konnte. Trotz einiger positiver Effekte seien die grundsätzlichen Versprechen und Ziele bis heute nicht erreicht worden. Zugleich seien die sozialen und ökologischen Folgen dieser ‚Entwicklungsrichtung' derart destruktiv, so dass ein solches Lebens- und Gesellschaftsmodell weder wünschenswert noch global und für alle Menschen realisierbar sei. Kurz: Entwicklung komme eher einer Fehlentwicklung gleich (Ziai 2010). Postdevelopment interessiert sich daher

---

Theorie) zu sprechen und jene Perspektiven hierdurch auszuschließen. Im Gegenteil möchte ich versuchen, so gut als möglich alle Perspektiven als gleichwertig zu betrachten, sie zu inkludieren und in einen kritischen Dialog mit ihnen treten, um letztlich von ihnen lernen zu können.

nicht für eine (weitere) Neuausrichtung oder Abwandlung dieses Entwicklungsparadigmas, sondern lehnt es zumeist vollständig ab. Oder wie Arturo Escobar es pointiert formuliert „[...] [We] are interested not in development alternatives but in alternatives to development, that is, the rejection of the entire paradigm altogether" (Escobar 1995, S. 215).

Die dem Entwicklungsdiskurs zugrundeliegende Vorstellung von Entwicklung sei nach Ansicht vieler PD-Vertreter*innen allerdings nicht erst während des Übergangs oder im Entwicklungsdiskurs selbst entstanden, sondern reiche bis in den Kolonialdiskurs und die Denktraditionen der Renaissance, der Reformation, der Aufklärung, dem (sozialwissenschaftlichen) Evolutionismus sowie der politischen Ökonomie des späten 17., 18. und 19. Jahrhunderts zurück (Escobar 1995; Gudynas 2013; Kothari et al. 2019; Ziai 2006, 2010). „[...] [T]he development discourse is an outcome of the post-war era of fossil-fuel-based triumphalism, undergirded by colonial perceptions and the legacy of Western rationalism" (Sachs 2010b, S. xii).

Um die analytische Tiefe der Theorie und Kritik von PD besser aufzeigen zu können, sollen nachfolgend einige Grundzüge des Kolonialdiskurses[7] skizziert werden, bevor der hieran anschließende Entwicklungsdiskurs sowie die Praxis der Entwicklungszusammenarbeit, wie sie von Postdevelopment betrachtet und kritisiert wird, genauer dargestellt werden.

Der Übergang vom Kolonial- zum Entwicklungsdiskurs

Während bis in das 17. Jahrhundert hinein unter dem Begriff ‚Entwicklung' noch ein weitestgehend kontingenter Prozess des *auf-* bzw.

7 Viele Elemente des Kolonialdiskurses, die PD-Autor*innen herausarbeiten und kritisieren, werden auch in der (im nachfolgenden Kapitel dargestellten) dekolonialen Theorie kritisch betrachtet, weshalb sich gewisse Redundanzen in deren Darstellungen nicht vermeiden lassen. Es ist den Leser*innen an dieser Stelle möglich, zuerst die Theorien der dekolonialen Perspektive (siehe Kap. 3.2) und erst im Anschluss die der Postdevelopment-Schule zu betrachten, was wiederum durch einen stringenteren historischen Rahmen die Einordnung beider Theorien erleichtern könnte (siehe hierzu auch Kap. 3.3). Die hiesige Reihenfolge verfolgt hingegen die Idee, mit der m.E. etwas spezielleren und auf einen engeren Betrachtungszeitraum eingeschränkten PD-Theorie zu beginnen und erst dann zu der in beiderlei Hinsicht weiter gefassten dekolonialen Theorie überzugehen, was wiederum auch meinem persönlichen ‚Kontakt' mit beiden Theorien entspricht.

auseinander Wickelns (intransitiv) verstanden wurde, wandelte sich diese Konnotation im Zuge der europäischen Aufklärung des 18. Jahrhunderts hin zu einem reflexiven Verständnis – das des *Sich-Entwickelns* (Bendix 2011). Angelehnt an die terminologische Verwendung der Biologie, assoziierte man mit Entwicklung demnach vermehrt einen evolutionären, unilinear ablaufenden und teleologischen Prozess des Heranreifens, der Verbesserung bzw. Höher- und Weiterentwicklung, der mit dem Heranwachsen einer Pflanze oder eines Menschen vergleichbar sei. Auch die etwa zeitgleich aufkommende klassische politische Ökonomie sowie der sozialwissenschaftliche Evolutionismus unterlegten dem Entwicklungsbegriff eine teleologische und kumulative Bedeutung. Entwicklung wurde als ein geradliniges Voranschreiten auf verschiedenen Stufen betrachtet, als evolutionärer Übergang von einem vorherigen in einen neuen, anderen, besseren und vollkommeneren Zustand – als inneres oder äußeres Wachsen (Bendix 2011; Escobar 1995; Esteva 2010, 2018; Gudynas 2013; Ziai 2006).

Der Kolonialdiskurs zeichnete sich zugleich durch eine dualistische Teilung in ‚unzivilisierte' und ‚zivilisierte' Menschen bzw. Gesellschaften aus. Erstere – die Kolonisierten – galten aus Sicht der Zweiten – den Kolonisierenden – dabei als unfähig, sich selbst zu regieren, weshalb diese Aufgabe wiederum treuhänderisch übernommen werden sollte. Richteten sich Erstere gegen die ‚zivilisierenden' und ausbeuterischen Praktiken der Zweiten, galt dies wiederum als ein weiterer Beleg für die Notwendigkeit, bisherige Praktiken des ‚Zivilisierens' zu intensivieren. „Der Kolonialdiskurs [...] [bestand dabei aus einem] Ensemble von Differenzen: höherwertig/minderwertig, zivilisiert/unzivilisiert, rational/emotional, vernunftgeleitet/instinktgeleitet, fähig zur Herrschaft/unfähig zur Herrschaft, souverän/abhängig, kolonisierend/kolonisiert usw." (Ziai 2006, S. 34), die dichotom konzipiert immer wechselseitig aufeinander verwiesen. Das ‚Eigene' definierte den Referenzpunkt bzw. den Maßstab für das Höherwertige und Zivilisierte, wohingegen das ‚Andere' als das defizitäre und unvollkommene Abbild des ‚Eigenen' verstanden wurde.[8] Die ‚Unterlegenheit' der als ‚unzivilisiert' verstandenen Gesellschaften wurde somit stets durch ihre

8 Der Begriff des ‚Anderen' meint diesbezüglich kein spezielles Subjekt oder Individuum, sondern einen homogenisierten und konstruierten Stereotyp. Die kolonisierten (primitiven, unterentwickelten) ‚Anderen' werden aufbauend auf dem defizitären Abbild des eigenen (Stereotyps) alle als gleich – als ein und dieselben – verstanden. „The other is stereotyped as the homogeneous and complementary polarity to the One" (Plumwood 2002, S. 11).

Abweichungen von der (als Norm verstandenen) eigenen ‚zivilisierten' Gesellschaft definiert (Ziai 2006).

> Dementsprechend werden ‚die Eingeborenen', die im Kolonialdiskurs das ‚Andere' des weißen Mannes darstellen, anhand dieses Maßstabs im besten Fall als naturverbundene Kinder, im schlechtesten als tierhafte Wilde dargestellt. Irrational, unzivilisiert und regierungsunfähig sind sie in jedem Fall. [...] ‚Entwicklung' bezog sich [...] auf die Ausbeutung der wirtschaftlichen Ressourcen der Region und die ‚Zivilisierung' der Kolonisierten – nicht aber auf deren Lebensstandard (Ziai 2006, S. 34).

Besonders deutlich wurde eine solche Denkweise in den wissenschaftlichen und philosophischen Rassenideologien des späten 18. und 19. Jahrhunderts, die den eigenen Überlegenheits- und Herrschaftsbegründungen dienten und Menschen in rassifizierende und hierarchisch strukturierte Kategorien des ‚Menschseins' unterteilten (Bendix 2011; Ziai 2006).

Anfang des 20. Jahrhunderts wandelte sich diese Sichtweise. Nachdem viele der Kolonisierten während des ersten (und auch zweiten) Weltkrieges für die Kolonialregierungen in den Krieg zogen und ihr Leben für diese Staaten riskierten, wurden die Forderungen nach Anerkennung, Entkolonisierung und Unabhängigkeit lauter. Als Reaktion auf den immer größer werdenden antikolonialen Widerstand (beispielsweise in Indien, aber auch in vielen anderen Teilen der Welt) gegen Ende des ersten Weltkrieges, änderten die dortigen Kolonialregierungen (zunächst England und Frankreich) ihre Kolonialpolitik. Während zuvor eine weitgehende Selbstverwaltung der Kolonien angestrebt wurde, sollte nun ein Transfer von Wissen sowie zu Teilen auch von Technologie und Kapital der Verbesserung der dortigen Lebensverhältnisse dienen und somit den Erhalt der Kolonien sicherstellen (Eckert 2015; Ziai 2006). Hiermit deutete sich ein erneuter Wandel des Entwicklungsverständnisses an, hin zu einem transitiven Verständnis von *Etwas* bzw. *Jemanden Entwickeln* (Bendix 2011; Esteva 2010).

Der Entwicklungsdiskurs

Mitte des 20. Jahrhunderts, mit dem Ende des zweiten Weltkrieges, dem aufkommenden Ost-West-Konflikt, den weltweit einsetzenden Entkolonisierungsprozessen sowie der Begründung der Menschenrechte erfolgte der endgültige und ‚offizielle' Übergang zum

Entwicklungsdiskurs. Besonders die Antrittsrede des US-Präsidenten Harry S. Truman am 20. Januar 1949 steht nach Einschätzung von Post-development paradigmatisch für den Beginn des Entwicklungsdiskurses und der damit verbundenen Praxis der internationalen ‚Entwicklungszusammenarbeit' bzw. ‚Entwicklungspolitik' (Castillo Ospina & Masullo-Jiménez 2017; Escobar 1995; Esteva 2010, 2018; Fischer, Boatcă & Hauck 2016; Gudynas 2013; Klein & Morreo 2019; Sachs 2010a, 2010b, 2019; Ziai 2006, 2010, 2016).

In jener Rede präsentierte Truman Teile der außenpolitischen Strategien und Pläne, die neben der Stärkung internationaler Organisationen wie den Vereinten Nationen, dem Wiederaufbau der Weltwirtschaft sowie der Zurückdrängung des damaligen kommunistischen Gegenspielers auch das sog. Point Four Program beinhaltete, das als Pendant zum Marshall-Plan (1948-1952) eine Unterstützung der ‚wirtschaftlichen Entwicklung' der ehemals oder noch immer kolonisierten Regionen und Gebiete vorsah (Escobar 1995; Ziai 2016). Truman stellte das Programm dabei mit den folgenden Worten der Weltöffentlichkeit vor:

> Fourth, we must embark on a bold new program for making the benefits of our scientific advances and industrial progress available for the improvement and growth of underdeveloped areas. More than half the people of the world are living in conditions approaching misery. [...] Their economic life is primitive and stagnant. Their poverty is a handicap and a threat both to them and to more prosperous areas. [...] The United States is pre-eminent among nations in the development of industrial and scientific techniques. [...] I believe that we should make available to peace-loving peoples the benefits of our store of technical knowledge in order to help them realize their aspirations for a better life. And, in cooperation with other nations, we should foster capital investment in areas needing development. Our aim should be to help the free peoples of the world, through their own efforts, to produce more food, more clothing, more materials for housing, and more mechanical power to lighten their burdens. [...] The old imperialism--exploitation for foreign profit--has no place in our plans. What we envisage is a program of development based on the concepts of democratic fair-dealing. All countries, including our own, will greatly benefit from a constructive program for the better use of the world's human and natural resources. [...] Greater production is the key to prosperity and peace. And the key to greater production is a wider and more vigorous application of modern scientific and technical knowledge. Only by helping the least fortunate of its members to help themselves can the human family achieve the decent, satisfying life that is the right of all people (Truman 1949).

Während für den Wiederaufbau Europas, aufgrund des immensen Ressourcenbedarfs, die kolonialen Strukturen der europäischen Staaten zunächst weitestgehend aufrechterhalten wurden, stand nun also die Entwicklung jener, noch immer kolonisierten, sich in der Entkolonisierung befindenden oder bereits entkolonisierten Regionen selbst auf dem Plan (Escobar 1995; Ziai 2016). Angesichts des aufkommenden Ost-West-Konflikts herrschte zugleich die Auffassung, dass sich die Lebensverhältnisse der Menschen in den ehemals oder noch immer kolonisierten Regionen und Gebieten verbessern müsse, da sie sonst dem kommunistischen System verfallen bzw. unterliegen würden. Überdies sollten/mussten aber auch neue Absatz- und Rohstoffmärkte für die Expansion der eigenen Wirtschaft geschaffen werden (Bendix 2011; Escobar 1995; Ziai 2006, 2016). Beide Aspekte spiegeln sich deutlich in der Antrittsrede von Harry S. Truman wider, insofern er jene Regionen und damit etwa die Hälfte der damaligen Weltbevölkerung als ‚unterentwickelt', ‚primitiv' und ‚arm' bezeichnete und dies als eine Behinderung und Gefahr darstellte, die auch alle anderen (‚entwickelten') Regionen der Welt bedrohe. Truman nennt zugleich auch die Rezeptur bzw. die zukünftige Rolle des Westens, dessen Aufgabe (oder Pflicht) es sei, die ‚unterentwickelten' Regionen von den ‚Bürden der Armut' zu ‚befreien' und ihnen bei ihrer ‚Entwicklung' ‚Hilfe' zu leisten. Mit dem Ziel, den eigenen Einfluss auszubauen, neue Absatzmärkte zu schaffen und den kommunistischen Gegenspieler zurückzudrängen, sollten (bzw. mussten) nun auch die ehemaligen Kolonien an der ‚Entwicklung' nach westlichen Idealen teilhaben (Escobar 1995; Ziai 2006, 2016).

> A new perception of one's own self, and of the other, was suddenly created. Two hundred years of social construction of the historical–political meaning of the term ‚development' were successfully usurped and transmogrified. […] On that day, 2 billion people became underdeveloped. In a real sense, from that time on, they ceased being what they were, in all their diversity, and were transmogrified into an inverted mirror of others´ reality (Esteva 2010, S. 2).

Folge war, dass die Bewohner*innen der ehemaligen oder noch bestehenden Kolonien nicht mehr wie zuvor als ‚barbarisch', ‚unzivilisiert' und ‚unfähig sich selbst zu regieren' betrachtet wurden. Stattdessen galten sie von nun an zwar als (eingeschränkt) gleichwertig, zugleich aber, so die Worte Trumans, als ‚arm' und ‚unterentwickelt'.

> Sichtbar wird die Annahme von einer eingeschränkten Gleichwertigkeit der Völker: Alle sind gleich, nur einige sind nicht so weit fortgeschritten auf der universellen Entwicklungsbahn der Menschheit: Sie sind ‚unter-entwickelt'. Nach dem Wegfall des rassistischen Elements wird jedoch kaum von unterentwickelten Völkern oder Menschen gesprochen, sondern in der Regel von unterentwickelten Ländern oder Regionen: Der Gegenstands-bereich wird sozialgeographisch statt biologisch erfasst. Die Zweiteilung ‚zivilisiert/unzivilisiert' wird durch den Dualismus ‚entwickelt/unterentwickelt' ersetzt. Das daran anknüpfende Ensemble der Differenzen lässt sich wie folgt skizzieren: industrieller und wissenschaftlicher Fortschritt/Stagnation, Wirtschaftswachstum/Stagnation, Technologie/Handarbeit, Modernität/Tradition, hohe Produktivität/niedrige Produktivität, materieller Wohl-stand/Armut, besseres Leben/schlechteres Leben, Freihandel und Demokratie/alter Imperialismus, Entwicklungshilfe leistende Nationen/Entwicklungshilfe empfangende Nationen usw. (Ziai 2006, S. 37).

Wie zuvor waren es also auch im aufkommenden Entwicklungsdiskurs überwiegend dichotom und reziprok konzipierte Differenzen, die in ihren Grundstrukturen weitgehend unverändert erhalten blieben. Wie Truman betonte, sei der moderne Westen Vorreiter bei der Entwicklung industrieller und wissenschaftlicher Technologien, die wiederum zu neuem industriellem und wissenschaftlichem Fortschritt und damit auch zu stetigem Wirtschaftswachstum und einer hohen Produktivität führten, was letztlich materiellen Wohlstand und ein besseres Leben bedeute. Der Entwicklungsdiskurs schloss somit unmittelbar an den Kolonialdiskurs an und erhielt dessen dichotom-hierarchische Grundstruktur, die das ‚Andere' jetzt als das ‚unterentwickelte' Abbild des Eigenen konstruierte und konstituierte. Der Referenzpunkt blieb der ‚entwickelte' Westen, als demokratische, moderne und kapitalistische Industriegesellschaft, wie sie durch die USA und Europa repräsentiert wurden (Escobar 1995; Esteva 2018; Müller & Ziai 2015; Ziai 2006). Entwicklung galt folglich von nun an als ein geradliniger und teleologischer Prozess der Höher- und Weiterentwicklung, der geistigen Reifung, Verbesserung und Rationalisierung, der sich durch (ökonomisches) Wachstum sowie technologischen und wissenschaftlichen Fortschritt realisieren lasse (Bendix 2011, 2017; Escobar 1995; Fischer et al. 2016; Gudynas 2013; Klein & Morreo 2019; Sachs 2010a; Ziai 2006, 2012, 2016). Eine in ihren Grundzügen bis heute dominierende und nahezu unveränderte Vorstellung. Da diese Vorstellung einer unilinearen, stufenartigen und teleologisch ausgerichteten Entwicklung in den europäischen Traditionen der Renaissance, der Reformation, der

Aufklärung sowie den hieraus hervorgehenden Theorien des (sozialwissenschaftlichen) Evolutionismus sowie der politischen Ökonomie verwurzelt sei, wird der Entwicklungsdiskurs, obwohl es die Truman-Administration war, die diesem internationale Wirkmächtigkeit verlieh, als ein eurozentrisches Konstrukt betrachtet (Ziai 2010).

Unterschiedliche Regionen und die dort lebenden Menschen befanden sich fortan in verschiedenen historischen ‚Entwicklungsstadien' eines überall gleich ablaufenden Entwicklungsprozesses, dessen ultimatives Ziel durch die westliche Massenkonsumgesellschaft verkörpert wurde (Bendix 2011; Escobar 1995; Müller & Ziai 2015; Ziai 2006, 2010, 2016). In diesem Sinne erfolgte somit eine diskursive „Verzeitlichung des räumlichen Nebeneinander" (Melber 1992, S. 32), wonach sich die ‚unterentwickelten' Menschen bzw. Regionen in einem früheren Entwicklungsstadium befänden (Bendix 2011; Escobar 1995; Ziai 2006, 2010, 2015). Wie auf einer evolutionären Laufbahn wurde Entwicklung als ein immer und überall gleich ablaufender Prozess verstanden. Während der Westen bzw. der westliche Lebensstil stets an der Spitze dieses Entwicklungsprozesses verortet wurde (bzw. sich selbst dort verortete), war der ‚Rest der Welt' demgegenüber ‚unterentwickelt' und im ‚Rückstand'. Wolfgang Sachs nennt dies die zeitpolitische und geopolitische Dimension von Entwicklung (Sachs 2010b, 2017).

> In terms of a chronopolitics, all peoples on the globe appear to move along one single road, following the pacemakers who are supposed to represent the forefront of social evolution. And in terms of a geopolitics, under the development gaze the confusing diversity of nations across the globe turns into a clear ranking order with the GDP-rich countries at the top of the pack (Sachs 2010b, S. x f.).

Die Entwicklungszusammenarbeit

Wie Harry S. Truman zudem andeutete, könne der ‚Entwicklungsrückstand' jener Regionen durch die Übernahme westlicher Werte und Ideale sowie durch die ‚Hilfestellung' des Westens verringert und aufgeholt bzw. beschleunigt werden (Müller & Ziai 2015; Truman 1949; Ziai 2006). Truman sowie viele andere westliche Politiker*innen und Wissenschaftler*innen gingen davon aus, dass sich die ehemals oder noch immer kolonisierten Regionen entweder nicht selbst aus ihrer ‚Armut und Unterentwicklung befreien' könnten oder dies sehr viel länger dauern würde als erwünscht. Daher bedürfe es gezielter wirtschaftspolitischer Interventionen – die Geburtsstunde der internationalen ‚Entwicklungspolitik' (EP) und ‚Entwicklungshilfe' bzw. ‚Entwicklungszusammenarbeit' (EZ) (Bendix 2011; Eckert 2015; Escobar 1995).[9]

Mit dem Ziel, die (als dringend notwendig erachtete) Entwicklung der ehemals oder noch immer kolonisierten Regionen gemeinsam auf globaler Ebene voranzutreiben, kam es in diesem Zusammenhang zu einer Professionalisierung und zugleich zu einer Institutionalisierung der EP/EZ auf internationaler Ebene. Folge waren diverse Neugründungen bzw. Umstrukturierungen internationaler Organisationen, die sowohl evaluative als auch exekutive Aufgaben der EP/EZ übernahmen und hierdurch zu einer globalen Institutionalisierung der professionellen Entwicklungsforschung und EP/EZ beitrugen.

> The invention of development necessarily involved the creation of an institutional field from which discourses are produced, recorded, stabilized, modified, and put into circulation. This field is intimately imbricated with processes of professionalization; together they constitute an apparatus that organizes the production of forms of knowledge and the deployment of forms of power, relating one to the other (Escobar 1995, S. 46).

Speziell die bereits seit 1944 bestehende *Internationale Bank für Wiederaufbau und Entwicklung* (Weltbank) sowie der in direkter Nachbarschaft sitzende *Internationale Währungsfonds* (IWF) erweiterten ihr Aufgabenspektrum und sind bis heute zwei der wohl bekanntesten Entwicklungsorganisationen. Ab 1961 schlossen sich zudem überwiegend westliche Industriestaaten in der multilateralen *Organisation für Wirtschaftliche Zusammenarbeit und Entwicklung* (OECD) zusammen. Aber auch unter dem Schirm der noch frisch gegründeten Vereinten Nationen entstanden mehrere Ableger wie die *Ernährungs- und Landwirtschaftsorganisation* (FAO), die *Weltgesundheitsorganisation* (WHO), das *United Nations Development Program* (UNDP), die *United Nations Industrial Development Organization* (UNIDO) oder das *World Food Program* (WFP), denen ebenfalls

9 In der Zeit zwischen den 1990ern und 2000ern wurde der Begriff der ‚Entwicklungshilfe' durch die (politisch korrektere) Bezeichnung ‚Entwicklungszusammenarbeit' abgelöst, da diese die ‚Gleichberechtigung' und ‚Partnerschaftlichkeit' der ‚Empfänger- bzw. Entwicklungsländer' mehr hervorheben sollte. Während unter Entwicklungspolitik staatliche Maßnahmen zusammengefasst werden, bezieht sich der Begriff der EZ auf die Aktivitäten von staatlichen, nicht-staatlichen sowie privaten geführter Organisationen (vgl. Eckert 2015).

entwicklungspolitische Aufgaben anvertraut wurden (Eckert 2015; Escobar 1995; Neubert 2016; Sachs 2019; Ziai 2006).

Um die ‚Entwicklungsrückstände' jener Regionen zu analysieren, Pläne für deren Entwicklung/Modernisierung nach westlichem Vorbild zu erstellen und diese entsprechend umzusetzen, reisten professionelle Entwicklungs-Expert*innen dieser (sowie vieler weiterer) Organisationen in die verschiedensten Regionen des globalen Südens (Eckert 2015; Escobar 1995, S. 45; Ziai 2016). Aufgabe der Entwicklungsexpert*innen war es, den ‚Entwicklungsstand' verschiedener Regionen, Staaten und Gesellschaften zu ermitteln, sie anhand ihrer Messergebnisse zu kategorisieren und zu kartieren sowie normative Regeln und Zielsetzungen der wirtschaftspolitischen Interventionsmaßnahmen festzulegen und umzusetzen, die zur Modernisierung und Entwicklung jener Regionen führen sollten (Fischer et al. 2016; Ziai 2006, 2010). Speziell zu Beginn stand zunächst die Generierung von Wissen über ‚Unterentwicklung und Armut' im Vordergrund. Eckert bezeichnet den Nachkriegsimperialismus daher auch als einen ‚Imperialismus des Wissens' (Eckert 2015, S. 5).

> It resulted in the establishment of development studies programs in most major universities in the developed world and conditioned the creation or restructuring of Third World universities to suit the needs of development. [...] At stake was a politics of knowledge that allowed experts to classify problems and formulate policies, to pass judgment on entire social groups and forecast their future – to produce, in short, a regime of truth and norms about them (Escobar 1995, S. 45 f.).

Die Auffassung der Entwicklungsexpert*innen war, dass sie mithilfe quantitativer Indikatoren und Messkriterien, wie beispielsweise dem Bruttoinlandsprodukt (BIP), dem Bruttonationalprodukt (BNP) sowie dem Pro-Kopf-Einkommen (PKE), verallgemeinerbare Aussagen über den Wohlstand, die Lebensqualität oder eben den insgesamten ‚Entwicklungsstand' einer ganzen Gesellschaft treffen und daraufhin Modernisierungs- und Entwicklungsstrategien festlegen und umsetzen könnten (Escobar 1995; Ziai 2010, 2016). Jene professionellen Entwicklungsexpert*innen verfügten demnach über ein exklusives und spezifisches Wissen „über die Defizite der Lebensweisen von ‚unterentwickelten' Menschen und die zu ihrer Veränderung notwendigen Maßnahmen" (Ziai 2010, S. 26). Auf Basis dieser Expertise sollten sodann alle als ‚unterentwickelt' kartierten Staaten oder Regionen nach dem eigenen westlichen Ideal ‚entwickelt' werden, notfalls auch durch

Repression und Gewalt (Escobar 1995, Gudynas 2013; Klein & Morreo 2019; Ziai 2006, 2015). Kamen jene Expert*innen bei der Kategorisierung einer Region zu der Diagnose ‚arm' oder ‚unterentwickelt' wurde sogleich die passende „[…] Medizin verordnet: Sie brauchen ‚Entwicklung' in Form von Modernisierung, Technologietransfer und Kapitalinvestition" (Ziai 2006, S. 37).

Die Vorstellung von Entwicklung war neben der aufklärerischen Idee bzw. Vorstellung eines unilinear ablaufenden Prozesses der rationalistischen Weiter- und Höherentwicklung somit zugleich eng an die kapitalistischen Theorien der politischen Ökonomie – und ihrem Mantra des ökonomischen Wachstums – gebunden (Escobar 1995; Gudynas 2013; Klein & Morreo 2019; Kößler 2016; Fischer et al. 2016).

> And if the problem was one of insufficient income, the solution was clearly economic growth. […] Thus poverty became an organizing concept and the object of a new problematization. […] That the essential trait of the Third World was its poverty and that the solution was economic growth and development became self-evident, necessary, and universal truths (Escobar 1995, S. 24).

Infolge dieser Fokussierung auf nahezu ausschließlich quantitativ erhobene Daten für ökonomische Messindikatoren erfolgte zugleich eine Entpolitisierung des Entwicklungs-diskurses sowie der Praxis der EP/EZ, da Armut, soziale Ungleichheit oder ‚Unterentwicklung' im Allgemeinen hierdurch als Probleme definiert wurden, die auf technologische, wirtschaftliche, soziale und/oder wissenschaftliche Mängel und Defizite einer Gesellschaft bzw. Region beruhen würden und nicht oder kaum auf (macht-)politische Ursachen zurückzuführen seien (Bendix 2011, S. 275; Escobar 1995; Klapeer 2016, S. 128 f.; Sachs 2017, S. 5; Ziai 2010, S. 25, 2015, S. 26).

> Development fostered a way of conceiving of social life as a technical problem, as a matter of rational decision and management to be entrusted to that group of people – the development professionals – whose specialized knowledge allegedly qualified them for the task (Escobar 1995, S. 52).

Zugleich waren jene Personen der Auffassung, dass ein solches Entwicklungsprojekt nur durch eine radikale Neustrukturierung der gesamtgesellschaftlichen Verhältnisse in den ‚unterentwickelten' Regionen realisierbar sei. So kam eine Gruppe von Expert*innen in einem im Jahr 1951 für die Vereinten Nationen angefertigten Bericht zu folgenden Einschätzungen:

> Economic progress will not be desired in a community where the people do not realise that progress is possible. Progress occurs only where people believe that man can, by conscious effort, master nature. This is a lesson which the human mind has been a long time learning. Where it has been learnt, human beings are experimental in their attitude to material techniques, to social institutions, and so on. This experimental or scientific attitude is one of the preconditions of progress. The greatest progress will occur in those countries where education is widespread and where it encourages an experimental outlook (United Nations 1951, S. 13).

Einige Seiten später beschreiben die Autor*innen die hierfür als notwendig erachteten Schritte – die unausweichlichen Nebenfolgen, die jenen ‚zu entwickelnden' Gesellschaften bevorstünden.

> There is a sense in which rapid economic progress is impossible without painful adjustments. Ancient philosophies have to be scrapped; old social institutions have to disintegrate; bonds of cast, creed and race have to burst; and large numbers of persons who cannot keep up with progress have to have their expectations of a comfortable life frustrated. Very few communities are willing to pay the full price of economic progress (United Nations 1951, S. 15).

Aufbauend auf diesem Verständnis von ‚Entwicklung' bzw. ‚Unterentwicklung' gestaltete sich auch die häufig gewaltförmige Praxis der EP/EZ (Escobar 1995; Ziai 2006). Das Grundprinzip der EP/EZ bestand dabei von Beginn an stets aus einem einseitigen Transfer von Wissen, Technologie und Kapital aus den westlichen Industriestaaten in jene ‚unterentwickelten' Regionen, wobei speziell die Landwirtschaft und Industrie sowie die Gesundheits- und Bildungssysteme im Fokus der Expert*innen standen (Eckert 2015; Escobar 1995; Müller & Ziai 2015).

> It was the creation of a vast institutional network (from international organizations and universities to local development agencies) that insured the efficient functioning of this apparatus. Once consolidated, this system determined what could be said, thought, imagined: in short, it defined a perceptual domain, the space of development. [...] all repeat the same basic truth, namely, that development is about paving the way for the achievement of those conditions that characterize rich societies: industrialization, agricultural modernization, and urbanization (Escobar 1992, S. 24 f.).

Die Entwicklungsdekaden

Die Kernaspekte und Narrative der vergangenen Entwicklungsdekaden sollen an dieser Stelle nur knapp zusammengefasst werden, da lediglich das derzeitige Entwicklungsparadigma einer *nachhaltigen Entwicklung* von gesondertem Interesse ist und dies an späterer Stelle ausführlicher betrachtet wird (siehe Kap. 4.1). Die erste Entwicklungsdekade der 1960er Jahre stand demnach unter dem Motto der Modernisierungstheorien und fokussierte ausschließlich das Wirtschaftswachstum und eine ‚nachholende Entwicklung' mittels Industrialisierung. Durch gezielte Investitionen in Schlüsselindustrien sollten die erwirtschafteten Gewinne durch den sog. Trickle-Down-Effekt auch anderen rückständigen Wirtschaftszweigen zugutekommen, für ein allgemeines Wirtschaftswachstum sorgen und damit zu einer Verbesserung der Lebensverhältnisse führen. Besonders die Mechanisierung und Technologisierung des Landwirtschaftssektors – Stichwort Grüne Revolution – stand im Mittelpunkt entwicklungspolitischer Interventionen (Castillo Ospina & Masullo-Jiménez 2017, S. 103 f.; Neubert 2016, S. 360; Escobar 1995, S. 158). Nachdem die erhofften Effekte weitgehend ausblieben, änderten die ‚Geberländer' ihr Vorgehen in den 1970er Jahren. Die ‚Grundbedürfnisstrategien' rückten in das Zentrum und statt der exklusiven Förderung industrieller Großprojekte sollte zusätzlich auch in die ländlich-bäuerliche, lokale und zivilgesellschaftliche Entwicklung investiert werden, die die Menschen direkt unterstützen sollte. Die zweite Entwicklungsdekade stand daher unter dem Motto Wachstum zur Beseitigung von Armut bzw. pro-poor-growth und erhielt das Grundnarrativ von Wachstum dabei unverändert (Esteva 2010; Neubert 2016, S. 361).

> The rural development discourse repeats the same relations that has defined development discourse since its emergence: the fact that development is about growth, about capital, about technology, about becoming modern. Nothing else. ‚Traditional peasants need to be modernized; they need to be given access to capital, technology, and adequate assistance. […]' (Escobar 1995, S. 162).

Zugleich nahmen noch weitere Faktoren Einfluss auf den Entwicklungsdiskurs der 1970er Jahre. Einerseits übten Vertreter*innen der aufkommenden Dependenztheorie zunehmend Kritik an der bisherigen Entwicklungspolitik. Sie betrachteten ‚Unterentwicklung' als eine Folge des ‚westlichen' Kolonialismus und Imperialismus und kritisierten das Machtsystem der EP, da dies das Abhängigkeitsverhältnis zwischen den industrialisierten und ,entwickelten' Metropolen und den nicht-industrialisierten und somit als ,unterentwickelt' geltenden Peripherien nicht beseitige, sondern aufrechterhalte (Gudynas 2013; Neubert 2016). Die EP hätte dementsprechend kaum nennenswerte Fortschritte erreicht und stattdessen zu einem Anstieg der Ungleichheit zwischen dem globalen Süden und Norden geführt. Andererseits übte auch der 1972 veröffentlichte erste Bericht des Club of Rome *Die Grenzen des Wachstums* (Meadows et al. 1972) Kritik am westlichen Lebensstil und der Vorstellung unendlichen Wachstums sowie den damit verbundenen Folgen für Mensch und Natur. „As the 1970s debate on the environment and development continued to evolve, the first versions of the concept of ,sustainable development' appeared at the beginning of the 1980s" (Gudynas 2013, S. 20). Debatten rund um das Thema Nachhaltigkeit bzw. einer nachhaltigen Entwicklung reichten in den darauffolgenden 1980er Jahren allerdings kaum bis in die internationale politische Ebene hinein und waren eher Teil des wissenschaftlichen Diskurses (Gudynas 2013). Stattdessen führten die Auswirkungen der Öl- und Wirtschaftskrise zu massiven Veränderungen der EP/EZ, woraufhin „[d]ie neue Zielsetzung wirtschaftliche Stabilisierung der Länder durch die von Internationalem Währungsfonds (IWF) und Weltbank propagierten ,Strukturanpassungsprogramme' (structural adjustment programs, SAP) [lautete]" (Neubert 2016, S. 361). Die neoliberale Wirtschaftspolitik der 1980er Jahre und die verhängten Sparmaßnahmen führten zu einer Öffnung und Deregulierung der Wirtschaft, einem Abbau öffentlicher Staatsausgaben sowie einer damit verbundenen Privatisierung von Staatseigentümern (Eckert 2015). Dies hatte zur Folge, dass, während ein kleiner Kreis von Menschen von jenen Maßnahmen profitierte, es bei den „Ärmsten und […] Mittelschichten […] erneut zu zunehmender Ungleichheit und damit auch zum erneuten Anstieg von Armut kam" (Neubert 2016, S. 361). „In 1960, the Northern countries were twenty times richer than the Southern, in 1980 forty-six times richer" (Sachs 2010a, S. xvii). Auch die zahlreichen Nichtregierungsorganisationen (NGOs), die sich der Entwicklung jener Regionen verschrieben, federten diesen Trend nur geringfügig ab. In vielen Regionen des globalen Südens verschlechterte sich die Lage so massiv, dass die 1980er Jahre auch als die *verlorene Dekade der Entwicklungspolitik* bezeichnet werden (Esteva 2010, 2018; Neubert 2016). Angesichts des angeführten Entstehungszeitpunkts von PD kann die Perspektive auch als eine Reaktion auf jene verlorene UN-Entwicklungsdekade der 1980er Jahre betrachtet werden (Klapeer 2016).

Mit dem Ende des Ost-West-Konflikts, dem Zusammenbruch der Sowjetunion und der zunehmenden Globalisierung zu Beginn der 1990er Jahre, veränderte sich das internationale Machtgefüge und somit auch die Ausrichtung der EP erneut. Westliche Staaten weiteten die Projekte auch auf Regionen in Osteuropa sowie Zentralasien aus. Da aber zugleich einer der zentralen ursprünglichen Beweggründe der EP – der drohende Einfluss des Kommunismus – wegfiel, wurden neue politische Forderungen an die Länder des globalen Südens gestellt, um dortige Entwicklungsprojekte fortzusetzen. Forderungen nach Demokratisierung, guter Regierungsführung (Good Governance), Rechtsstaatlichkeit und wirtschaftlicher Liberalisierung wurden daraufhin zunehmend an die EP geknüpft. Überdies erfolgte unter dem Motto der partizipativen Entwicklung eine partielle Dezentralisierung der Entwicklungsplanung. Staatliche (EP) und zivilgesellschaftliche (EZ) Entwicklungsprojekte sollten näher zusammenarbeiten und auch die immer noch oft benachteiligte lokale Bevölkerung stärker miteinbeziehen (Neubert 2016, S. 362). Grundlage hierfür bildete der Human-Development Index (Gudynas 2013). Die 2000er Jahre standen wiederum unter dem Zeichen der von den G8-Staaten verabschiedeten Millenniumsziele (MDGs) – eine Art Neuauflage der Grundbedürfnisstrategie. Ziel war es hierbei, bis zum Jahr 2015 die Entwicklungen in der Armutsbekämpfung, Trinkwasserversorgung und Ernährungssicherheit sowie die Wohnbedingungen, Bildung und Gesundheit entscheidend voranzutreiben, wobei zugleich auch etwas mehr auf die Umwelt geachtet werden sollte.

> In 2015 there was a noticeable consolidation of the Development discourse: there was the papal Encyclical Laudato Si' in June, the Sustainable Development Goals of the United Nations in September and lastly the Paris Climate Agreement in December (Sachs 2017, S. 2).

Das aktuelle Entwicklungsparadigma der Sustainable Development Goals (SDGs) von 2015 vereint, etwas vereinfacht ausgedrückt, die MDGs der 2000er mit dem Ziel einer *nachhaltigen Entwicklung*, wie es im Brundtland-Report der World Commission on Environment and Development *Our Common Future* (WCED 1987) definiert und seit dem Rio Earth Summit von 1992 (Agenda 21) auf internationaler politischer Ebene festgehalten wurde. Alle in der Agenda 21 nicht erreichten sowie einige neu hinzugekommene Ziele wurden im Jahr 2012 beim Rio+20 Summit – der United Nations Conference on Sustainable Development –zusammengeführt, überarbeitet und anschließend in die 2015 verabschiedeten SDGs überführt (Escobar 1995; Esteva 2010; Kothari et al. 2014; Sachs 2017). Folglich stehen heute nicht mehr nur die sozialen, sondern zunehmend auch die ökologischen Missstände und Probleme im Fokus des Entwicklungsdiskurses. Kurz gesagt: „The globe and its problems have finally entered rational discourse" (Escobar 1995, S. 192).[10]

All jene – zu Teilen durchaus positiv bewerteten – Alternativvorschläge der vergangenen Entwicklungsdekaden führten nach Ansicht von PD allerdings nie zu einer Abkehr von der ursprünglichen inhaltlichen Bedeutung des Entwicklungsbegriffs, sondern integrierten sich in die Logik des klassischen Paradigmas. 60 Jahre nach dem Beginn der EP/EZ steht nach wie vor ganz besonders ein Ziel im Mittelpunkt: Wachstum (Castillo Ospina & Masullo-Jiménez 2017; Escobar 1995, S. 193; Neubert 2016, S. 362).

> Those alternative unconventional proposals that could be absorbed into the mainstream economic paradigm not only became assimilated into the complex set of development theory, but also ended up renovating the discourses and some practices of the very same paradigm they were attempting to resist. At the same time, the economic development paradigm has kept its essence untouched and unchallenged (Castillo Ospina & Masullo-Jiménez 2017, S. 105).

> Whether it is the Earth as a whole, its industrial or agricultural systems, its climate, water, or population, what is at stake for these groups of scientists and businessmen – all of them men – is the continuation of the models of growth and development through appropriate management strategies (Escobar 1995, S. 193).

Trotz zunehmender Kritik an dieser Vorstellung von Entwicklung und der internationalen Praxis der EP/EZ, blieb das Grundgerüst in all seinen Alternativen nahezu unverändert erhalten (Escobar 1995; Neubert 2016). „Development was – and continues to be for the most part – a top-down, ethnocentric, and technocratic approach, which treated people and cultures as abstract concepts, statistical figures to be moved up and down in the charts of ‚progress'" (Escobar 1995, S. 44). Egal ob eine industriell-technologische, lokale, inklusive, partizipative oder nachhaltige Entwicklung, jene vermeintlichen Neuerungen oder

10 Das Narrativ der Nachhaltigkeit bzw. das einer nachhaltigen Entwicklung wird in Kapitel 4.1 genauer betrachtet.

alternativen Strategien erhielten stets die ursprüngliche, auf technologischen Fortschritt und Wirtschaftswachstum fixierte, evolutionistische Entwicklungsvorstellung (Escobar 1995; Matthews 2004; Ziai 2010, 2012).

> Development cannot delink itself from the words with which it was formed – growth, evolution, maturation. [...] The word always implies a favourable change, a step from the simple to the complex, from the inferior to the superior, from worse to better. The word indicates that one is doing well because one is advancing in the sense of a necessary, ineluctable, universal law and towards a desirable goal (Esteva 2010, S. 6).

Sehr ähnlich wie im Kolonialdiskurs wurden und werden die Menschen, die in den ‚unterentwickelten' Regionen des globalen Südens lebten und leben, stets als unfähig betrachtet, diesen Weg selbst zu bestreiten (Escobar 1995, S. 158). „Indigenous populations had to be ‚modernized', where modernization meant the adoption of the ‚right' values, namely, those held by the white minority or a mestizo majority and, in general, those embodied in the ideal of the cultivated European [...]" (Escobar 1995, S. 43). Die Folgen oder (Neben-)Effekte der häufig gewaltförmigen Entwicklungs- oder Modernisierungsinterventionen – die Zerstörung sozialer Strukturen, selbstbestimmter Lebensweisen, kultureller Traditionen, ganzer Gesellschaften und letztlich auch der Natur – wurden wie im Kolonialdiskurs als notwendige und legitime Opfer dargestellt, die auf diesem (Entwicklungs-)Weg erbracht werden müssten (Escobar 1995; Gudynas 2013; Ziai 2006). „Das koloniale Konzept der Treuhandschaft, einschließlich der Legitimation, die gute, ‚entwickelte' Gesellschaft und den Weg dorthin zu definieren und durchzusetzen, ist in der postkolonialen Ära auf die Entwicklungsexperten übergegangen, ohne jedoch sein Gewaltpotenzial eingebüßt zu haben" (Ziai 2006, S. 40).

Das Grundprinzip der EP/EZ bestand somit darin, den ‚Entwicklungsstand' anderer Regionen anhand der eigenen (ökonomischen) Kategorien als ‚arm', ‚defizitär', ‚nicht-entwickelt', ‚unterentwickelt' bzw. ‚zu-entwickelnd' auszuzeichnen und die Planung der ‚Entwicklungsprojekte' und den damit verbundenen Interventionsmaßnahmen (Transfer von Technologie, Kapital und Bildung) zu übernehmen, um auf Basis dieser (wissenschaftlichen) Expertise alle als ‚unterentwickelt' kartierten Gebiete nach dem eigenen westlichen Ideal ‚entwickeln' zu können, notfalls auch gegen den Willen der dort lebenden Menschen

(Bendix 2011; Escobar 1995; Gudynas 2013; Klein & Morreo 2019; Ziai 2006).

> Development [...] has to be seen as an invention and strategy by the ‚First World' about the ‚underdevelopment' of the ‚Third World', and not only as an instrument of economic control over the physical and social reality of much of Asia, Africa and Latin America. Development has been the primary mechanism through which these parts of the world have been produced and have produced themselves, thus marginalizing or precluding other ways of seeing and doing (Escobar 1992, S. 22).

Der Entwicklungsdiskurs sowie die Praktiken der EP/EZ konstituierten und reproduzierten somit nicht nur das Selbstverständnis des globalen Nordens oder das der von dort entsandten Entwicklungsexpert*innen. Auch das Selbstbild derjenigen Menschen, die in den als ‚unterentwickelt' kategorisierten Regionen lebten, wurde hierdurch beeinflusst und geformt (Escobar 1995; Esteva 2018).

> At times, development grew to be so important for Third World countries that it became acceptable for their rulers to subject their populations to an infinite variety of interventions, to more encompassing forms of power and systems of control; so important that First and Third World elites accepted the price of massive impoverishment, of selling Third World resources to the most convenient bidder, of degrading their physical and human ecologies, of killing and torturing, of condemning their indigenous populations to near extinction; so important that many in the Third World began to think of themselves as inferior, underdeveloped, and ignorant and to doubt the value of their own culture, deciding instead to pledge allegiance to the banners of reason and progress; so important, finally, that the achievement of development clouded the awareness of the impossibility of fulfilling the promises that development seemed to be making (Escobar 1995, S. 52 f.).

Die Vorstellung einer linearen Entwicklung nach dem westlichen Vorbild einer kapitalistischen Massenkonsumgesellschaft, wie sie sich seit dem Ende des zweiten Weltkriegs etablierte, wurde fester Bestandteil der sozialen Imaginationen, unabhängig davon, ob und wie weit sich die Lebenssituation der Betroffenen tatsächlich verbesserte (Castillo Ospina & Masullo-Jiménez 2017; Escobar 1995; Ziai 2016).

> Reality, in sum, had been colonized by the development discourse, and those who were dissatisfied with this state of affairs had to struggle for bits and pieces of freedom within it, in the hope that in the process a different reality could be constructed (Escobar 1995, S. 5).

Zusammenfassung Postdevelopment Kritik

Aufbauend auf dieser sehr umfassenden und hier nur in ihren Grundzügen dargestellten Analyse des Diskurses und des zugehörigen Konstrukts von Entwicklung sowie der damit einhergehenden Praxis der EP/EZ – zusammen werden sie als Dispositiv bzw. Entwicklungsapparat bezeichnet (Ziai 2006, S. 49; Escobar 1995, S. 23) – lehnt Postdevelopment diese vollständig ab. Auch die Theorien der klassischen politischen Ökonomie werden als untrennbarer Bestandteil des westlichen Entwicklungsparadigmas betrachtet und in gleichem Maße kritisiert (Bendix 2017; Escobar 1995, 2015; Gudynas 2013; Klein & Morreo 2019; Matthews 2004; Ziai 2012). Das sich hierauf gründende eurozentrische Verständnis von Entwicklung kategorisiere Menschen und Gesellschaften in verschiedene hierarchisch geordnete Rangstufen und begründe diese nahezu ausschließlich anhand ökonomischer Kriterien.

> This system classified many populations and non-capitalist practices and ways of being around the world as subordinate and inferior, all the while conveniently overlooking and silencing the darker side of modernity in which colonisation, accumulation by dispossession and exploitation had been integral (Klein & Morreo 2019, S. 4).

Zugleich zwinge der Westen diese Denk- und Lebensweise auch allen anderen Gesellschaften auf. Diese Verwestlichung der Welt marginalisiere, subalternisiere und zerstöre andere Kulturen, Lebens- und Wissensweisen (Gudynas 2013; Klein & Morreo 2019; Matthews 2004; Sachs 2010b, S. xviii; Ziai 2012, S. 134). Überdies sei aber auch das eigentliche Versprechen, dass der ‚Rückstand' des globalen Südens verringert oder gar beseitigt würde, nicht eingehalten worden. Im Gegenteil, die sozialen und ökonomischen Differenzen seien, abgesehen von Ausnahmen wie beispielsweise der steigenden Lebenserwartung und sinkenden Kindersterblichkeit, die auch von Postdevelopment keineswegs bestritten wird, sogar größer als zuvor (Escobar 1995; Sachs 2017; Ziai 2012). „A paradox emerges; the institutions and practices that development has promoted to better the world, have, in fact, contributed to growing inequality and poverty" (Klein & Morreo 2019, S. 1). Letztlich sei das imaginierte Ziel von Entwicklung – die Produktions- und Lebensweise des Westens – durch dessen immensen Ressourcenverbrauch und der damit verbundenen Zerstörung der Natur unmöglich auf alle Gesellschaften übertragbar und könne daher auch keinesfalls als wünschenswertes Vorbild von Entwicklung betrachtet werden (Bendix 2011, 2017; Sachs 2010a, 2017; Ziai 2010, 2012, 2016).

> Wenn man die ihm zugrunde liegende Erkenntnis ernst nimmt, nämlich die, dass das Gesellschaftsmodell der Industrieländer aus ökologischen Gründen weder dauerhaft aufrechtzuerhalten noch verallgemeinerbar ist, muss man sich verabschieden von der Vorstellung eines wie auch immer gearteten Vorbildcharakters dieser Länder. Dann sind die ‚entwickelten' Staaten keinesfalls die vollendeten, erstrebenswerten Endstadien eines Prozesses der wünschenswerten Gesellschaftsveränderung, sondern eher bedauerliche ‚Fehlentwicklungen' (Ziai 2010, S. 28).

Losgelöst von seinem zentralen Versprechen sei aus dem Entwicklungsbegriff infolge der unterschiedlichsten Verwendungsweisen in den wissenschaftlichen Disziplinen sowie der mehrfachen Umdeutung innerhalb des Entwicklungsdiskurses ein amöbenartiger und schwammiger Begriff geworden, der nahezu alles bedeuten könne, wobei er sich seiner positiven Konnotation – eines Höher, Besser, Weiter, Mehr – nie ganz entledigte (Eckert 2015, S. 3; Esteva 2010, S. 6; Klein & Morreo 2019, S. 1; Sachs 2010a, 2010b; Ziai 2016). „It is a concept of monumental emptiness, carrying a vaguely positive connotation" (Sachs 2010b, S. X).

> Its contours are so blurred that it denotes nothing – while it spreads everywhere because it connotes the best of intentions. The term is hailed by the IMF and the Vatican alike, by revolutionaries carrying their guns as well as field experts carrying their Samsonites. Though development has no content, it does possess one function: it allows any intervention to be sanctified in the name of a higher goal (Sachs 2010a, S. xix).

Aufgrund all jener destruktiven kulturellen, sozialen und ökologischen Folgen des westlichen Entwicklungsweges sei es daher aber auch keinesfalls bedauerlich, dass der Entwicklungsapparat dessen eigentliches Ziel nicht erreicht hätte. PD geht es somit nicht darum, dieses Ziel nun auf einem alternativen Weg zu erreichen, sondern um Alternativen zu diesem Weg – um *Alternativen zu Entwicklung* (Castillo Ospina & Masullo-Jiménez 2017; Escobar 1992, 1995; Gudynas 2013; Matthews 2004; Ziai 2012, 2016).

PD-Vertreter*innen streben somit nicht nur eine radikale Dekonstruktion des Begriffs, Konzepts, Diskurses sowie der Praktiken und Narrative rund um Entwicklung an (Castillo Ospina & Masullo-Jiménez 2017, S. 108), sondern versuchen zugleich, theoretische sowie praktische Alternativen zu dieser Perspektive zu entwerfen bzw. bestehende zu stärken (Bendix 2017). Dass ein solches Vorhaben keineswegs einfach und schnell vonstattengehen würde, steht auch heute, mehr als 25 Jahre nach der provokativen These von Sachs, für Vertreter*innen von PD weiterhin außer Frage. Obwohl die Mehrzahl von PD-Autor*innen jene These aus heutiger Sicht als etwas naiv oder voreilig betrachten, erachten sie die Notwendigkeit einer ‚Dekolonisierung der Imagination' von Entwicklung als ebenso dringend wie noch zu Beginn ihrer Kritik (Ziai 2016, S. 78). „How naive we were to pompously declare the ‚End of the Age of Development'!" (Sachs 2017, S. 1). So resümiert auch Gustavo Esteva in einem gemeinsamen Gespräch mit Arturo Escobar, dass

> [t]wenty-five years ago we were not explicit enough in showing how ‚development' was just the slogan used by capital to facilitate the implementation of a neocolonial enterprise. We all know well that capitalism has permeated the whole society through every pore (Esteva & Escobar 2019, S. 35).

Aber auch die Postdevelopment-Schule hat sich seit den ersten gemeinsamen Treffen und/oder Publikationen durchaus verändert und erweitert.[11] Allen voran haben feministische bzw. ökofeministische Autorinnen wie beispielsweise Maria Lugones, Catherine Walsh, Vandana Shiva oder Angelika Mies (Klapeer 2016, S. 127) zu einer inhaltlichen sowie perspektivischen Erweiterung der PD-Theorie beigetragen. Besonders das Konzept der *Relationalität* wird in vielen neueren Postdevelopment-Beiträgen herangezogen oder unterlegt (Klein & Morreo 2019). Ebenso trugen die sehr engen Verbindungen zur postkolonialen Theorie zu einer inhaltlichen Ausdifferenzierung der PD-Perspektive bei (Bendix 2017; Klein & Morreo 2019). Ein weiterer bedeutender Überschneidungspunkt ist der zum Modernity/Coloniality/Decoloniality-Ansatz, der im hieran folgenden Kapitel genauer betrachtet wird.

Aufbauend auf diesen kritischen Einsichten lehnen Vertreter*innen von Postdevelopment das Entwicklungsparadigma meist vollständig ab und fordern keine alternative Entwicklung, sondern *Alternativen zu Entwicklung*. Dies wirft wiederum die Frage auf: „if not development, then what?" (Castillo Ospina & Masullo-Jiménez 2017, S.110).

---

11 Dass auch hier der Entwicklungsbegriff verwendet werden könnte und es sprachlich sogar umständlich erscheint, diesen nicht zu gebrauchen, zeigt m.E. einmal mehr, wie viele verschiedene Bedeutungsebenen von diesem Begriff dominiert werden.

Suche nach Alternativen zu Entwicklung

Etwas mehr als 25 Jahre nach der Erstveröffentlichung von *The Development Dictionary* (Sachs 2010), das eine umfassende Analyse und Kritik von Entwicklung beinhaltet, publizierten Ashish Kothari, Ariel Salleh, Arturo Escobar, Frederico Demaria und Alberto Acosta den Sammelband *Pluriverse – A Post-Development Dictionary* (Kothari et al. 2019), der wiederum ein Sammelsurium von über 100 Alternativen und Konzepten bereitstellt und die Leser*innen zu einem „deep process of intellectual, emotional, ethical, and spritual decolonization" (Kothari et al. 2019, S. xvii) einlädt. Die Herausgeber*innen und Autor*innen präsentieren eine enorme Vielfalt divergenter Perspektiven, „[...] concept-tools and practices [...] honouring a pluriverse; fostering a biocivilization that is eco-centric, diverse, and multidimensional, and one that is able to find a balance between individual and communal needs" (Kothari et al. 2019, S. xxxv). Parallel hierzu widmen sich auch Elise Klein und Carlos Eduardo Morreo in ihrem 2019 veröffentlichten Sammelband *Postdevelopment in Practice – Alternatives, Economies, Ontologies* (Klein & Morreo 2019) bereits bestehenden oder neu hinzugekommenen Ansätzen und Konzepten, die Alternativen zu den Mantras von Entwicklung und Wachstum aufzeigen. „[These] [...] alternatives in practice are occurring alongside, interspersed with and counter to development and not awaiting some complete break with development in order to begin" (Klein & Morreo 2019, S. 8 f.).

Kerngedanke von Postdevelopment ist eine Transformation (oder Transition) hin zu einer nicht auf fossilen Brennstoffen beruhenden Produktions- und Lebensweise, deren primäre Ziele nicht Gewinn und Wachstum, sondern Frieden zwischen den Menschen, zwischen Mensch und Natur sowie die hierfür notwendige Förderung von Biodiversität und Pluralität sind (Castillo Ospina & Masullo-Jiménez 2017; Gudynas 2013; Kothari et al. 2019; Sachs 2019). Postdevelopment geht es dabei um „[...] die Wiederaneignung der Politik gegenüber dem Staat und den Parteien, die Wiederaneignung der Ökonomie gegenüber dem Weltmarkt und die Wiederaneignung des Wissens gegenüber der Wissenschaft [...]" (Ziai 2012, S. 136). Dies erfordere, wie bereits in der Einleitung aufgegriffen, ein tiefgreifendes kulturelles Erwachen und eine Reorganisation der basalen Beziehungsverhältnisse zwischen den Menschen und Gesellschaften, eine Anerkennung ihrer verschiedenen Lebens- und Wissensweisen sowie eine grundlegende Re-Konzeptualisierung des Natur-Mensch-Verhältnisses (Kothari et al. 2019, S. xxiii).

PD zeigt diesbezüglich großes Interesse an den Lebensweisen, Wissensformen, Kosmo- und Ontologien, an den alltäglichen Praktiken von ‚lokalen' und indigenen Kulturen sowie politischen und sozialen (Graswurzel-)Bewegungen, die als bereits bestehende/gelebte Gegenentwürfe zur hegemonialen Vorstellung von Entwicklung betrachtet werden (Bendix 2017; Escobar 1992, 1995; Gudynas 2013; Klapeer 2016; Klein & Morreo 2019; Kothari et al. 2014; Kothari et al. 2019; Ziai 2016). „These movements are essential for the creation of alternative visions of democracy, economy and society" (Escobar 1992, S. 22).

> Post-development does, however, turn out to have strong similarities with the critiques put forward by some indigenous peoples, since their rationalities are not embedded in the ideology of progress. These forms of knowledge in turn emerge as ideal sources for building alternatives to development (Gudynas 2013, S. 30).

Viele dieser (meist indigenen) Gemeinschaften treten (mit Unterstützung von PD) für das Fortbestehen oder Wiederaufleben ihrer Kosmologien ein und fordern die Möglichkeit einer autonomen Lebensweise, was wiederum häufig mit „Kämpfen für Landrechte, ökonomische Unabhängigkeit und politische wie kulturelle Selbstbestimmung – auch ausgetragen mit Mitteln des zivilen Ungehorsams oder mit militanteren Formen des Widerstands" (Bendix 2017, S. 288) verbunden ist. Wie Bendix aufmerksam macht, wird das Postdevelopment-Lable dabei weniger von den maßgeblichen Aktivist*innen oder indigenen Gemeinschaften selbst, sondern zumeist „von aktivistisch mit ihnen verbundene[n] Wissenschaftler*innen" (Bendix 2017, S. 288) der Postdevelopment-Schule ausgewählt. Die nachfolgend genannten Beispiele stellen nur eine Auswahl von vielen Bewegungen/Initiativen oder indigenen/lokalen Gemeinschaften dar, die Seitens Postdevelopment aufgeführt werden. Da zwei dieser Konzeptionen in Kapitel 4.2 erneut aufgegriffen werden, sollen sie an dieser Stelle nur knapp skizziert werden.

Ein sehr häufig genanntes Beispiel ist das Konzept des *Buen Vivir*, das von indigenen Gemeinschaften aus der Andenregion zusammen mit aktivistischen Bewegungen und Wissenschaftler*innen konstruiert und ausgearbeitet wird (Bendix 2017; Chuji, Rengifo & Gudynas 2019; Escobar 2015; Gudynas 2013; Klapeer 2016, S. 132; Klein & Morreo 2019; Kothari et al. 2014). Der Begriff des Buen Vivir steht dabei als ein Sammelbegriff für viele verschiedene lokal und kulturell leicht divergierende Philosophien wie das *Suma Qamaña* (Aymara), *Sumak Kawsay* (Guarani), *Allin Kawsay* (Kichwa), *Allin Kawsay* (Quechua), die von der westlichen Weltsicht stark abweichende Kosmologien/Ontologien vertreten und für ihre Rechte sowie die der Natur bzw. Mutter Erde (*Pachamama*) eintreten (Castillo Ospina & Masullo-Jiménez 2017; Chuji, Rengifo & Gudynas 2019; Kothari et al. 2014).

> It is not akin to the Western understanding of well-being or the good life, nor can it be described as an ideology or culture. It expresses a deeper change in knowledge, affectivity, and spirituality, an ontological opening to other forms of understanding the relation between humans and non-humans which do not imply the modern separation between society and nature (Chuji, Rengifo & Gudynas 2019, S. 111).

Auch die auf dem Buen Vivir gründende sog. *Yasuní-ITT Initiative* aus Ecuador, die mit dem Slogan ‚Leave the oil in the soil, the coal in the hole, and the tar sands in the land' (Kothari et al. 2019; Ziai 2016) für die Rechte der Natur sowie der indigenen Gemeinschaften im Yasuní-Biosphärenreservat kämpft und weltweit zahlreiche Anhänger*innen und Nachahmer*innen findet, ist ein häufig genanntes Beispiel (Acosta 2013a; Bendix 2017; Kothari et al. 2019; Svampa 2013a).[12]

Eine weitere, sehr oft herangezogene und zitierte Bewegung bzw. lokale/indigene Gemeinschaft sind die *Zapatistas* aus Chiapas in Mexiko und ihr Slogan ‚a world in which many worlds can be embraced' (Bendix 2017; Esteva 2018; Klapeer 2016; Klein & Morreo 2019, S. 4; Kothari et al. 2019; Ziai 2016).

> A clear example is the Zapatista society, where politics and ethics (and not the economy) are at the center of social life, and caring for life, women and Mother Earth has the highest priority. In these societies, autonomous practices characterize all areas of daily life, ruled through democratic processes that organize communally the art of hope and dignity (Esteva 2018, S. 10).

Ebenso häufig wird auch die Chipko-Bewegung aus Indien (Bendix 2017; Escobar 2016a; Sachs 2010c, S. 33) als Beispiel einer Radikalen Ökologischen Demokratie bzw. eines Ecological Swaraj (Kothari 2014; Kothari et al. 2014; Kothari 2018) genannt.

Eine im globalen Süden verankerte, aber zunehmend global ausgerichtete und agierende Bewegung bzw. Perspektiv, die häufig genannt

---

12 Auch die in Deutschland aktive Umwelt- und Antikohle-Bewegung *Ende Gelände* nutzte den Leitsprung ‚Leave it in the ground' auf Demonstrationen und Aktionen des zivilen Ungehorsams, ohne allerdings den Bezug zur Yasuní-ITT-Initiative explizit sichtbar zu machen.

wird, ist *Rights of Nature* bzw. *Rights of Mother Earth* (Escobar 2015; Gudynas 2013; Cullinan 2019, 2020).

Diese Bewegungen/Gemeinschaften werden zusammen mit vielen weiteren ähnlich ausgerichteten Perspektiven als ‚bereits oder immer noch existierende' Alternativen und Vorbilder bzw. als Beispiele eines Postdevelopment-Aktivismus bzw. Lebensstils betrachtet.

Neben derlei indigenen Gemeinschaften und ähnlichen sozial, ökologisch oder politisch motivierten Graswurzelbewegungen werden häufig auch Konzepte, Theorien und Philosophien wie beispielsweise die Suffizienz-Ökonomie bzw. das Konzept der Buddhist Economics aus Thailand, das der radikalen ökologischen Demokratie – Eco Swaraj – aus Indien, die Ubuntu-Philosophie aus Südafrika, die Environmental Justice Bewegungen, entweder als direkter Teil oder als Allianzen der PD-Perspektive aufgeführt. Darüber hinaus werden auch die Tiefenökologie ausgehend von Arne Næss, das Prinzip einer super-starken Nachhaltigkeit, das der Konvivalität ausgehend von Ivan Illich, biozentrische Ethiken, ökofeministische Ansätze sowie die vornehmlich in Europa und Nordamerika angesiedelte Degrowth-Bewegung genannt, die ebenfalls als Teil dieser Allianz betrachtet werden (Castillo Ospina & Masullo-Jiménez 2017, S. 109 ff.; Escobar 2015; Gudynas 2013; Klein & Morreo 2019; Kothari et al. 2014; Kothari et al. 2019, S. xxviii f.; Sachs 2010b, S. xiii; Ziai 2016).

> They oppose the secular trend to functionalize work, education and the land in order to boost economic efficiency insisting on the right to act according to values of culture, democracy and justice. In the global South, for instance, initiatives emphasize community rights to natural resources, self-governance and indigenous ways of knowing and acting. In the global North, post-development action instead centres on eco-fair businesses in manufacture, trade and banking, the rediscovery of the commons in nature and society, open-source collaboration, self-sufficiency in consumption and profit-making, and renewed attention to non-material values (Sachs 2010b, S. xiii).

All diese – teils sehr heterogenen – Ideen und Visionen eines Guten Lebens im Einklang mit anderen Gesellschaften sowie der Natur werden als vielversprechende Alternativen angeführt, die aber keinesfalls zu einem weiteren/neuen universellen und hegemonialen Narrativ vereint werden sollen, dem alle Gesellschaften entsprechend zu folgen hätten, sondern in ihrer Multiperspektivität gleichwertig nebeneinander bestehen bleiben.

> The purpose of post-development cannot be to provide another specific way of doing things, because in doing so, it will fall into the trap of deconstructing *the way* that was, only to provide *the one* that will be, thus merely changing the previous model for a new one. [...] If post- development falls into the trap of claiming knowledge of the new way of doing things, this would see it subscribing to the same logic of the concept of development as a universal path that is known today (Castillo Ospina & Masullo-Jiménez 2017, S. 110).

Ziel ist es, die Vielfalt und Pluralität all jener Ideen, Visionen, Philosophien und gelebten Praktiken gemeinsam als ein gegenhegemoniales Projekt zum eurozentrischen Anthropozentrismus zu denken – als ein universelles Projekt der Pluriversalität (Kothari et al. 2019). „This in turn requires changes in institutions and social relations, openness to various forms of knowledge and cultural manifestations, new styles of participation, greater community autonomy over the production of norms and discourses" (Escobar 1992, S. 28). Es bedürfe also ebenso einer Transformation – genauer gesagt einer Dekolonisierung – unserer Denk- und Wissensweisen (Kothari et al. 2019). „Breaking with ‚development' as a habit of thought is part and parcel of an overdue decolonization of minds" (Sachs 2010b, S. xii).

> The invitation to think outside the development box implies acknowledging other knowledges that might enable one to see other possible realities that do not purport to be a universal recipe. That is, knowledges that do not privilege the dichotomy between human being and nature, or promote monetary income and consumerism as the ultimate aim of human welfare (Castillo Ospina & Masullo-Jiménez 2017, S. 110).

Bevor dieses Pluriversum verschiedener Perspektiven sowie ihre jeweiligen Vorstellungen von Nachhaltigkeit sowie der Natur-Mensch-Beziehung genauer betrachtet werden, soll der Modernität/Kolonialität/Dekolonialität Ansatz – als ein zentraler Pfeiler dieses Pluriversums – eingeführt und erläutert werden.

3.2 Der Modernity/Coloniality/Decoloniality-Ansatz

Bei dem Modernity/Coloniality/Decoloniality-Ansatz (Modernität/Kolonialität/Dekolonialität)[13] (nachfolgend M/C/D) bzw. der dekolonialen Theorie handelt es sich um eine transdisziplinäre Theorieperspektive, die im Rahmen eines Forschungsprojekts in den 1990er Jahren von einem vornehmlich lateinamerikanischen Forscher*innenkollektiv entworfen wurde. Neben dem peruanischen Soziologen Aníbal Quijano, dem argentinischen Literaturwissenschaftler Walter Mignolo sowie dem argentinischen Historiker, Philosophen und Theologen Enrique Dussel, die häufig als die drei zentralen Persönlichkeiten der dekolonialen Theorie bzw. des M/C/D-Ansatzes aufgeführt werden, sind zudem der bereits zitierte kolumbianisch-amerikanische Anthropologe Arturo Escobar, die US-amerikanische Kulturwissenschaftlerin Catherine Walsh, der venezolanische Soziologe Edgardo Lander, der puerto-ricanische Religionswissenschaftler und Philosoph Nelson Maldonado-Torres, der kolumbianische Philosoph Santiago Castro-Gomez, der puerto-ricanische Soziologe Ramón Grosfoguel sowie viele weitere Teilnehmer*innen des Forschungsprojekts zu nennen, die an der Aus- und Weiterbearbeitung des Theorieansatzes entscheidend mitwirk(t)en (Garbe 2012, 2013). Als weitere Vertreter*innen, die nicht direkt am ursprünglichen Forschungsprojekt beteiligt waren, sind die argentinische Philosophin Maria Lugones, die russische Politikwissenschaftlerin Madina Tlostanova und die südafrikanische Politikwissenschaftlerin Sally Matthews, der portugiesische Soziologe Boaventura de Sousa Santos sowie der venezolanische Historiker und Anthropologe Pablo Quintero zu nennen. Aber auch die deutsche Soziologin Manuela Boatcă, die österreichische Friedens- und Konfliktforscherin Claudia Brunner, die deutsche Kultur- und Sozialanthropologien Katharina Schlechter und der deutsche Soziologe Sebastian Garbe, deren Übersetzungsarbeiten einen hohen Stellenwert für die hiesige Thematik haben, liefern wichtige Beiträge zu verschiedenen Themenbereichen der

13 Bisher scheint noch keine einheitliche Bezeichnung für das Forschungsprogramm, den Ansatz bzw. die Theorie zu existieren. Aufbauend auf der von Arturo Escobar verwendeten Bezeichnung des ‚Modernity/Coloniality Forschungsprojekts' (Escobar 2010) sowie der derzeit häufig verwendeten Bezeichnung als ‚dekoloniale Theorie/Option/Perspektive/Wende' werden im Folgenden beide Umschreibungen sowie die Abkürzung M/C/D verwendet (für eine ausführlichere terminologische Herleitung vgl. Garbe 2013). Die „/"-Schreibweise soll dabei auf die Untrennbarkeit der einzelnen, sich gegenseitig konstituierenden Dimensionen Modernität und Kolonialität aufmerksam machen (Mignolo 2018, S. 109).

dekolonialen Theorie, die im deutschsprachigen Raum bisher vergleichsweise wenig Beachtung zu finden scheint.

Die theoretische Perspektive des M/C/D-Ansatzes speist sich aus zahlreichen disziplinären Einflüssen, wie beispielsweise der Befreiungstheologie, der lateinamerikanischen Philosophie, der Dependenztheorie, der Weltsystemtheorie, dem Chicana-Feminismus, dem Marxismus, dem Antikolonialismus, der postkolonialen Theorie sowie den Subaltern und Cultural Studies. Zudem zeigen sich diverse Parallelen zu der oben eingeführten Perspektive von Postdevelopment, was zu Teilen auch durch die hier herangezogenen Autor*innen begründet ist. Überdies weisen viele Vertreter*innen des M/C/D-Ansatzes große Nähe zu politischen und indigenen Bewegungen sowie einzelnen Denker*innen und Aktivist*innen wie Waman Puma de Ayala, Ottabah Cugoano, Mahatma Ghandi, Aimé Césair oder Franz Fanon auf, die häufig als Vordenker*innen der M/C/D-Perspektive rezipiert werden (Boatcă 2016; Brunner 2020; Escobar 2010, S. 33 f.; Garbe 2012; Mignolo 2008, 2010). Zusammen verbinden viele Vertreter*innen all jene Einflüsse zu einer modifizierten weltsystemtheoretischen Perspektive, die neben den globalen Dimensionen von Modernität/Kolonialität ganz besonders auch die lokalen Realitäten jener indigenen und/oder sich widersetzender Bewegungen und Menschen in den Blick nimmt. Hierbei werden sowohl kulturelle als auch ökonomische Faktoren berücksichtigt (Grosfoguel 2008, S. 10 ff.). Die globalen sowie lokalen Dimensionen von Kolonialität werden allerdings nicht mittels importierter, sondern mithilfe eigener (nicht-eurozentrischer) Theorien analysiert und beschrieben (Escobar 2010, S. 34; Garbe 2012; Grosfoguel 2008; Mignolo 2008, 2018, S. 112; Tlostanova & Mignolo 2009, S. 132). Hierdurch eröffnet der Ansatz einerseits eine vollkommen andere – sehr kritische – Perspektive auf das ‚Selbstverständnis Europas bzw. des Westens' und andererseits zugleich auch eine divergente und ebenso kritische Perspektive auf die wissenschaftliche Theorie und Praxis, die sich stark von den klassisch-dominanten (europäisch-westlichen) Paradigmen unterscheidet. Obwohl es sich bei der dekolonialen Theorie um eine vornehmlich lateinamerikanische Perspektive handelt, solle der M/C/D-Ansatz, wie Escobar (2010, S. 45) oder auch Mignolo (2018, S. 108) deutlich machen, nicht als eine im geographischen Sinne ausschließlich in Lateinamerika verortete Theorietradition betrachtet werden, die lediglich lateinamerikanischen Aktivist*innen oder Wissenschaftler*innen zur Verfügung stehe, sondern solle vielmehr als eine lateinamerikanische (bzw. stark hierdurch geprägte) Perspektive bzw. als ein epistemischer Raum/Platz gedacht werden.

> This also means that, as an epistemic perspective, the MC research program is not associated with particular nationalities or geographical locations. To occupy the locus of enunciation crafted by the MC project, in other words, one does not need to be a Latin American nor live in the continent. ‚Latin America' itself becomes a perspective that can be practiced from many spaces, if it is done from counter-hegemonic perspectives that challenge the very assumption of Latin America as fully constituted object of study, previous to, and outside of, the often imperialistic discourses that construct it (Escobar 2010, S. 44).

Gemeinsamer Ausgangspunkt und Ziel des M/C/D-Ansatzes ist eine Rekonzeptualisierung der dominanten Erzählung über die Moderne und des daraus hervorgehenden heutigen modernen/kolonialen kapitalistischen Weltsystems (Garbe 2013, S. 35). Anstelle der geläufigen europäisch-westlichen Narration über die Epoche der Moderne, die meist von Aufklärung, Reformation, industrieller Revolution und wissenschaftlichem Fortschritt als ein intraeuropäisches Phänomen des späten 17., 18. und 19. Jahrhunderts berichtet und eine auf Eigenleistung und -verdienst beruhende Erfolgsgeschichte Europas zu vermitteln sucht, beschäftigen sich die Vertreter*innen des M/C/D-Ansatzes sprichwörtlich mit *der dunkleren Seite der westlichen Moderne* (Mignolo 2011a, 2018) und legen die oft verschwiegene oder lediglich als eine Begleiterscheinung beschriebene koloniale Schattenseite dieser Erzählung offen (Boatcă 2016; Dussel 2000; Escobar 2010; Garbe 2013; Mignolo 2002; Quijano 2000). Die Vertreter*innen des M/C/D-Ansatzes betrachten stattdessen die Expansion Europas und Kolonisierung der Amerikas, die 1492 einsetzte, als Ausgangspunkt und als Beginn der Moderne bzw. des modernen/kolonialen kapitalistischen Weltsystems (Boatcă 2016; Brunner 2020; Dussel 2000; Escobar 2010; Garbe 2013; Mignolo 2002, 2011a; Quijano 2000, 2007).

> Das moderne Weltsystem begann mit der gleichzeitigen Konstituierung Spaniens als ‚Zentrum' gegenüber der kolonialen spanisch-amerikanischen ‚Peripherie'. Die Moderne und der Kolonialismus waren also gegenseitig abhängige Phänomene. Es gibt keine Moderne ohne Kolonialismus und es gibt keinen Kolonialismus ohne Moderne, weil Europa erst ‚Zentrum' des Weltsystems wird, als es seine Kolonien in Übersee als ‚Peripherien' konstituiert (Castro-Gómez 2005a: 47/48 zit. nach Garbe 2012, S. 110).

Der 1492 einsetzende transatlantische Kolonialismus und die (europäische) Moderne seien somit zwei untrennbar miteinander verwobene Phänomene, die sich gegenseitig konstituierten und daher auch nur gemeinsam vollständig versteh- und erklärbar seien (Mignolo 2002; Tlostanova & Mignolo 2009). Erst mit der von der iberischen Halbinsel ausgehenden Expansion hätte demnach das europäische Selbstverständnis als Zentrum der (modernen) Welt, von der aus die ‚Neue Welt' – die Peripherie – entdeckt, erforscht und kolonisiert werden könne, entstehen können. Je mehr Europa dabei von der ‚restlichen' Welt ‚entdeckte' und kolonisierte, desto stärker wurde zugleich das europäische Selbstverständnis, modern zu sein (Boatcă 2016, S. 120).

> Lateinamerika, die Karibik, Afrika, Südasien oder der Nahe Osten traten nicht als Teil der ‚Moderne' ins moderne Weltsystem ein, sondern als ihre dunkle Seite – die mittels Eroberung, Versklavung, Genozid, Raubbau, militärischer Intervention, wirtschaftlicher Ausbeutung und Aberkennung sozialer, politischer und kultureller Rechte ihrer Bevölkerung untergeordnet und kontrolliert wurde (Boatcă 2016, S. 120).

Diese sich seit 1492 zunächst über das atlantische Handelsdreieck (Afrika, Amerikas, Europa) ausbreitenden und später weltweit etablierten und institutionalisierten Macht-, Herrschafts- und Ausbeutungsstrukturen lösten sich nach Ansicht des M/C/D-Ansatzes aber nicht infolge der bis in das späte 20. Jahrhundert hinein andauernden Befreiungs-, Unabhängigkeits- und Entkolonisierungsprozesse auf, sondern seien in divergenter Weise weiterhin konstitutiver Bestandteil des heutigen globalen *modernen/kolonialen kapitalistischen Weltsystems* (Boatcă 2016; Brunner 2020; Dussel 2000; Escobar 2010; Garbe 2013; Mignolo 2002, 2011a; Quijano 2000, 2007).

> Coloniality, […] is still the most general form of domination in the world today, once colonialism as an explicit political order was destroyed. It doesn't exhaust, obviously, the conditions nor the modes of exploitation and domination between peoples. But it hasn't ceased to be, for 500 years, their main framework (Quijano 2007, S. 170).

Der Begriff der *Kolonialität* umschreibt somit – in Abgrenzung zu dem des Kolonialismus – all jene, auch über das Ende des Kolonialismus hinaus weiterhin wirksamen Macht-, Herrschafts- und Ausbeutungsstrukturen sowie Formen der Aneignung und Repräsentation, die bis heute in den Beziehungsverhältnissen zwischen den (ehemals) Kolonisierten und Kolonisierenden fortbestehen (Garbe 2012; Maldonado-Torres 2007; Mignolo 2002; Quijano 2000, 2007; Tlostanova 2019;

Vázquez 2012). So wie der Kolonialismus die dunkle und verschwiegene Seite der Moderne war, so sind die hierdurch etablierten und gegenwärtig fortbestehenden Macht- und Herrschaftsstrukturen der Kolonialität die dunkle Seite der globalisierten Modernität von heute, sie waren von Anbeginn untrennbar miteinander verknüpft und konstituieren sich seither gegenseitig.

> Coloniality [...] refers to long-standing patterns of power that emerged as a result of colonialism, but that define culture, labor, intersubjective relations, and knowledge production well beyond the strict limits of colonial administrations. Thus, coloniality survives colonialism. It is maintained alive in books, in the criteria for academic performance, in cultural patterns, in common sense, in the self-image of peoples, in aspirations of self, and so many other aspects of our modern experience. In a way, as modern subjects we breath coloniality all the time and everyday (Maldonado-Torres 2007, S. 243).

Der Begriff bzw. das Konzept der *Modernität* meint im Gegensatz zum Begriff der Moderne, der in seiner heutigen (westlichen) Bedeutung meist die sog. Epoche der Moderne, also einen historischen Zeitabschnitt beschreibt, ein „set of self-serving narratives“ (Mignolo 2018, S. 110), die wiederum der ab 1492 beginnenden Epoche der Moderne entspringen und seit 500 Jahren lediglich die Narrative, nicht aber deren zugrundeliegende Inhalte, veränderten.

> Modernity was built as the imaginary of itself and of a world of which modernization and development were the engines. Modernity came to signify a horizon, the horizon toward which modernization and development were driving us—all of us, that is, on the planet (Mignolo 2018, S. 110).

Vertreter*innen des M/C/D-Ansatzes fassen jene von Maldonado-Torres genannten Wirkbereiche von Kolonialität meist in einer Matrix zusammen, die in drei miteinander zusammenhängende und nicht separat voneinander bestehende Dimensionen (Formen von Kolonialität) gegliedert wird: Die *Kolonialität der Macht*, die *Kolonialität des Wissens* und die *Kolonialität des Seins* (Brunner 2020; Garbe 2012). Zusammen beschreiben diese ein hierarchisch strukturiertes Beziehungsgeflecht von Machtdispositionen sowie einer epistemologischen und ontologischen Differenz zwischen den kolonisierenden und kolonisierten Menschen und Gesellschaften bzw. Zentren und Peripherien. Dieser Ort/Raum, an dem die Achsen der Kolonialität in Kraft treten und wirksam sind, wird auch als die *koloniale Differenz* bezeichnet (Garbe 2012; Mignolo 2008).

> The colonial difference is the space where coloniality of power is enacted. [...]. The colonial difference is the space where *local* histories inventing and implementing global designs meet *local* histories, the space in which global designs have to be adapted, adopted, rejected, integrated, or ignored. The colonial difference is, finally, the physical as well as imaginary location where the coloniality of power is at work in the confrontation of two kinds of local histories displayed in different spaces and times across the planet (Mignolo 2000, S. ix).

Neben den drei Hauptdimensionen von Kolonialität arbeiten einige Vertreter*innen bspw. aber auch an Konzepten zu *Coloniality on Gender* (Lugones 2008), einer feministischen Perspektive bzw. einem *dekolonialen Feminismus* (Lugones 2010; Walsh 2018) sowie an der für die hiesige Thematik besonders relevanten Dimension der *Coloniality of Nature* (Alimonda 2019; Brunner 2020; Escobar 2018; Gallegos 2015; Maldonado-Torres 2016; Mignolo 2011a).

Aufbauend auf diesem Grundverständnis von Kolonialität/Modernität und einer scharfen Kritik am heutigen modernen/kolonialen kapitalistischen Weltsystem, entwerfen Vertreter*innen des M/C/D-Ansatzes zugleich Konzepte und Praktiken von *Dekolonialität* und suchen dabei zusammen mit zivilgesellschaftlichen Akteur*innen/Gruppen und indigenen Gemeinschaften nach theoretischen wie praktischen Möglichkeiten, Wegen und Designs, um die global wirksamen Strukturen von Kolonialität zu überwinden (Escobar 2010; Mignolo 2008; 2018; Quijano 2007).

> As far as the promises of modernity legitimize coloniality, that is, oppression, exploitation, and dispossession, decoloniality is the response of and from people who do not want to be oppressed, exploited, and dispossessed. Decoloniality emerges out of the need to delink from the narratives and promises of modernity – not to resist, but to re-exist. In this sense, decoloniality is both an analytic of modernity/coloniality (its constitution, transformation) and a set of creative processes leading to decolonial narratives legitimizing decolonial ways of doing and living (Mignolo 2018, S. 145).

Die theoretischen Kernelemente des M/C/D-Ansatzes sollen nun anhand jener drei Hauptdimensionen von Kolonialität (Macht, Wissen und Sein) sowie den sich darauf gründenden Konzepten bzw. Projekten der Dekolonialität noch etwas genauer betrachtet werden. Die Dimension der Coloniality on Nature wird im Kapitel 4.1 aufgegriffen und erläutert.

Kolonialität der Macht

Die Dimension der Kolonialität der Macht wurde zuvorderst von Aníbal Quijano (2000, 2007) ausgearbeitet und bildet zugleich eine Art Ausgangs- und Knotenpunkt für alle weiteren Dimensionen (Garbe 2012; Schlechter 2019). Nach Quijano stellen dabei die Ideologie des *Rassismus* – als eine global wirksame Klassifikation von Menschen und Gesellschaften – sowie das Wirtschaftssystem des *Kapitalismus* und dessen Prinzipien der globalen Arbeitsteilung sowie Kapital- und Ressourcenallokation, die zwei Hauptachsen der Kolonialität der Macht dar (Quijano 2000). Beide Achsen etablierten sich während des Kolonialismus, konstituieren sich seither gegenseitig und bestehen auch nach dem Ende des Kolonialismus bis heute in ihren Kernstrukturen im globalen *kolonialen/modernen kapitalistischen Weltsystem* fort (Brunner 2020; Garbe 2012; Quijano 2000). Des Weiteren nennt Quijano auch die Dimension des Staates als universelle Autorität sowie die Dimension des Eurozentrismus´ als universelle Form von Rationalität und Wissensproduktion, die gemeinsam mit den beiden Achsen Rassismus und Kapitalismus ein seit 500 Jahren bestehendes, globales Machtmodell der Kolonialität konstituieren (Brunner 2020; Quijano 2000).

Rassismus – die erste Achse – als ein Instrument sozialer Klassifikation und Identitätsbildung wurzele, Quijano zufolge, in der früh-christlichen Theopolitik des 16. Jahrhunderts, innerhalb derer die Privilegien von Menschen noch in direktem Zusammenhang mit ihrer religiösen Zugehörigkeit zum Christentum standen. „Wer keiner Religion zugeordnet werden konnte, konnte aus europäisch-christlicher Sicht auch keinen Gott haben; wer keinen Gott hatte, konnte demzufolge keine Seele haben; und ohne Seele war man in dieser Logik dem Tier näher als dem Menschen“ (Brunner 2020, S. 45). Dies galt speziell für die kolonisierten (indigenen) Gesellschaften in den Amerikas, deren Onto-, Theo- bzw. Kosmologien sich stark von der europäisch-christlichen Vorstellung unterschieden. Da jene Menschen bzw. Gesellschaften nicht nur die falsche Glaubensvorstellung vertraten (wie es beispielsweise bei Muslim*innen oder Jüd*innen angenommen wurde), sondern aus Sicht der christlichen Kolonisierenden gar keine Religion besaßen, standen sie folglich eher auf einer Ebene mit Tieren und der Natur, was die Kolonisierenden wiederum moralisch dazu berechtigte, jene Menschen zu versklaven und auszubeuten, ohne dass dies als eine ‚Sünde‘ betrachtet werden musste (Brunner 2020, S. 44 f.; Grosfoguel 2013, S. 81 f.; Mignolo 2008, S. 471 f., 2018, S. 158). Infolge innerkirchlicher Debatten sowie der Säkularisierung und der Aufklärung im 18. Jahrhundert wurde diese Art der religiös-theologischen Klassifikation von Menschen zunehmend durch eine biologistisch-rassifizierende Ideologie modifiziert und schließlich durch den ‚wissenschaftlichen Rassismus' des 19. Jahrhunderts (fast) vollständig abgelöst.

> When the authority of knowledge passed in the West from Christian theology to Modern Science after the 18th century Enlightenment Project and the French Revolution, the [...] theological racist discourse of ‚people without soul' mutated with the rise of natural sciences to a biological racist discourse of ‚peoples without human biology' and later ‚peoples without genes' (without the human genetics) (Grosfoguel 2013, S. 83).

Anstelle der religiösen Zugehörigkeit wurden Menschen und Gesellschaften nun anhand ‚körperlicher Differenzen' in verschiedene, asymmetrisch hierarchisierte Klassen und Rangstufen (‚Rassen') eingeteilt, die weiterhin mit entsprechend unterschiedlichen Rechten und Privilegien ausgestattet waren. Der Macht- und Herrschaftsanspruch sowie die Privilegien der Kolonisierenden wurden dabei durch die vermeintlich objektive – weil wissenschaftlich belegte – natürliche Überlegenheit und Höherwertigkeit des Eigenen bzw. durch die natürliche Unterlegenheit und Minderwertigkeit des Anderen zu begründen versucht (Quijano 2000).

> Historically, this meant a new way of legitimizing the already old ideas and practices of relations of superiority/inferiority between dominant and dominated [...] So the conquered and dominated peoples were situated in a natural position of inferiority and, as a result, their phenotypic traits as well as their cultural features were considered inferior. In this way, race became the fundamental criterion for the distribution of the world population into ranks, places, and roles in the new society's structure of power (Quijano 2000, S. 534).

Diese Form der rassifizierenden Klassifizierung von Menschen und Gesellschaften war zugleich konstitutiver Bestandteil der zweiten Achse der Kolonialität der Macht – dem sich etablierenden (globalen) kapitalistischen Wirtschaftssystem und der damit einhergehenden Kontrolle über Arbeit, Ressourcen und Produkte. Demnach waren die durch die Rassenideologie konstruierten sozialen Identitäten und Rollen von Beginn an eng an die ökonomischen Verhältnisse in den Kolonien sowie an die Kontrolle und Teilung von Arbeit geknüpft (Grosfoguel 2013, S. 83; Quijano 2000). „Slavery was justified via narratives that figured Africans as less than human so they could be treated like animals"

(Mignolo 2018, S. 141). Die Vorstellung, bei den Kolonisierten handle es sich – wenn überhaupt – um unterlegene Menschen, zeigte sich folglich in der Auffassung der Kolonisierenden, dass jene Menschen wie materielle Verbrauchsgüter innerhalb der Arbeits- und Produktionsprozesse instrumentalisiert werden könnten und keinerlei Entlohnung für ihre Arbeiten bedürften. Sie wurden als Leibeigene bzw. als Eigentum der Kolonisierenden betrachtet, die, wie das Land, auf dem sie lebten, treuhänderisch verwaltet und zu Gunsten der Kolonialmächte in Europa ausgebeutet werden konnten (Quijano 2000).

> The racial classification of the population and the early association of the new racial identities of the colonized with the forms of control of unpaid, unwaged labor developed among the Europeans the singular perception that paid labor was the whites´ privilege. The racial inferiority of the colonized implied that they were not worthy of wages. They were naturally obliged to work for the profit of their owners (Quijano 2000, S. 539).

Das sozial-kulturelle Klassifikationssystem der Rassenideologie war dabei von Beginn an direkt an die ökonomische Achse des Kapitals gekoppelt, um die herum wiederum alle Formen der Arbeitskontrolle, Arbeitsteilung sowie der Zugang zu Ressourcen und produzierten Gütern integriert und artikuliert wurden. „Consequently, the control of a specific form of labor could be, at the same time, the control of a specific group of dominated people" (Quijano 2000, S. 537). Der Besitz von bzw. der Zugang zu Kapital, Arbeit, Ressourcen und Produkten beschränkte sich (nahezu) ausschließlich auf die Kolonisierenden und auf deren Heimatstaaten in Europa, in die jene Kapitalien, Ressourcen und Produkte verschifft wurden. Infolge dieser systematischen Ausbeutung der Menschen und Natur in den kolonisierten Regionen des globalen Südens sowie der hieraus resultierenden Akkumulation von Kapital, Ressourcen und Gütern in Europa, etablierte sich Europa als das physische und intelligible Zentrum dieses globalen kolonialen und kapitalistischen Systems.

> As the center of global capitalism, Europe not only had control of the world market, but it was also able to impose its colonial dominance over all the regions and populations of the planet, incorporating them into its world-system and its specific model of power (Quijano 2000, S. 540).

Vertreter*innen der M/C/D-Ansatzes argumentieren, dass Europa seine Hegemonialstellung ohne die massive Aneignung von Land sowie die Ausbeutung und Versklavung der indigenen Bevölkerungen (und entführten Afrikaner*innen), die mit der ‚Entdeckung‘ und Kolonisierung der Amerikas einherging, nicht hätte etablieren können. „The vocabulary of ‚conquest' in the language in the rhetoric of modernity becomes the vocabulary of ‚appropriation of land and exploitation of labor' in the logic of coloniality" (Mignolo 2008, S. 480). Zusammenfassend manifestierten sich diese beiden Achsen zu einem globalen und hegemonialen Modell der Macht, das eine eurozentrische und totalitäre Weltsicht etablierte, die alle anderen Weltsichten unterdrückt und ausschließt (Mignolo 2008, S. 451).

> In effect, all of the experiences, histories, resources, and cultural products ended up in one global cultural order revolving around European or Western hegemony. Europe's hegemony over the new model of global power concentrated all forms of the control of subjectivity, culture, and especially knowledge and the production of knowledge under its hegemony (Quijano 2000, S. 540).

Aufbauend auf und in Verbindung mit diesen sozio-kulturellen und ökonomischen Dimensionen von Kolonialität und der damit beanspruchten Sonderstellung Europas als Zentrum des globalen Kapitalismus bzw. des modernen/kolonialen Weltsystems gingen zugleich jedoch auch weitere Formen von Kolonialität einher (Boatcă 2016; Brunner 2020; Garbe 2012; Quijano 2000, S. 540).

Kolonialität des Wissens

Die Dimension der *Kolonialität des Wissens*, die neben Quijano und Mignolo vornehmlich auf Edgardo Lander zurückgeht, umfasst die epistemologische Dimension von Kolonialität und wird ebenfalls in zwei Unterdimensionen untergliedert (Brunner 2020; Garbe 2013). Die erste Dimension der Kolonialität des Wissens bezieht sich auf die Form der eurozentrischen und universalisierenden Wissensproduktion als eine epistemische Perspektive und Praxis, die ebenfalls auf die christlich-religiöse Weltanschauung und Theopolitik zurückgehe. Europa habe, so das Argument, im Zuge des Kolonialismus ein Monopol über die richtige Art und Weise der Wissensproduktion und damit auch einen Alleinanspruch auf ‚wahres‘ und ‚richtiges‘ Wissen etabliert und verfestigt. „Western expansion was not only economic and political but fundamentally epistemic" (Mignolo 2018, S. 137). Die zweite Dimension beschreibt die aus der ersten Dimension hervorgehenden Machtverhältnisse und Formen epistemischer Gewalt (Brunner 2020; Garbe

2012; Vázquez 2011), die auch heute noch von den modernen (Sozial-)Wissenschaften ausgehen und reproduziert werden (Brunner 2020, S. 47; Mignolo & Tlostanova 2006).

Quijano und Lander zufolge liege der Ursprung dieser Wissenschaftsperspektive und -praxis in der christlichen Unterscheidung zwischen Gott (Geist/Seele), dem Menschen (Materie/Körper und Geist/Seele) sowie der Natur (Materie/Körper), die als drei Existenzformen getrennt voneinander bestehen. Menschsein war in der christlichen Vorstellung bis in das 17. Jahrhundert hinein, wie bereits im vorherigen Abschnitt erwähnt, an die Zugehörigkeit zur christlichen Weltanschauung geknüpft, die zugleich als die einzig ‚wahre/richtige' Religion betrachtet wurde (Brunner 2020; Grosfoguel 2012; Mignolo & Tlostanova 2006; Quijano 2000, S. 554 f.). Infolge der Säkularisierung sowie des Aufstiegs des methodischen Skeptizismus René Descartes´ gegen Ende des 17. Jahrhunderts ereignete sich demnach ein Übergang von jener Theopolitik hin zu einer Egopolitik des Wissens, der von Lander als die ‚Teilung oder Trennung der realen Welt', von Grosfoguel als ‚God´s-eye view' oder von Santiago Castro-Gomez als ‚Hybris des Nullpunkts' der eurozentrischen Philosophie und Wissenschaft bezeichnet wird (Brunner 2020, S. 53; Grosfoguel 2007, S. 214, 2012, S. 88; Mignolo 2011a, S. 79; Tlostanova 2019, S. 168).

Speziell zwei Prämissen des kartesianischen *cogito ergo sum* stünden paradigmatisch für diese epistemologische Perspektive und Praxis (Grosfoguel 2012; Quijano 2007). Die erste Prämisse Descartes´ ist die dualistische Differenzierung zwischen Geist (res cogitans) und Körper (res extensa), wonach der menschliche Geist ähnlich wie der christliche Gott körperlos und über allem schwebend sei und sich in seiner Substanz vom menschlichen Körper, der durch seine Materialität mehr zum Bereich der Natur gehöre, unterscheide. Die zweite Prämisse bezieht sich auf die Art und Weise, wie der menschliche (körperlose) Geist/Verstand zu absolutem Wissen gelange, was, Descartes´ methodischem Skeptizismus zufolge, nur durch einen inneren Monolog des Subjekts mit sich selbst geschehen könne. Descartes übertrug demnach mit der Idee von universeller und absoluter Wahrheit die Attribute des körperlosen und allwissenden christlichen Gottes auf den Menschen als Subjekt. Anstelle des christlichen Gottes war es nun das weiße, europäische (männliche) Subjekt, das wie ein Gott, unabhängig von Körper, Ort und Zeit, isoliert von allen anderen Menschen in einem inneren Dialog mit sich selbst (Ich denke,) zu absolutem und universell gültigem Wissen (also bin ich) gelangen konnte (Brunner 2020; Grosfoguel

2008, S. 4; Grosfoguel 2013, S 75 f.). Kurz gesagt: „Reason displaced God" (Mignolo 2018, S. 139). In dieser radikal dualistischen Vorstellung erscheinen Subjekt und Objekt aber nicht nur fälschlicherweise als zwei Entitäten, die ohne jegliche Relation unter- bzw. miteinander und vollkommen separat voneinander existieren könnten. Zugleich verberge das (wissenschaftliche) Subjekt (Ego) hierdurch auch dessen eigene geo-politische Position sowie historisch-soziale Realität und damit auch alle persönlichen Interessen, die es vertrete.

> In the ego-politics of knowledge, the subject of enunciation is erased, hidden, camouflaged [...], [which] is a point of view that hides itself as a point of view, or, put differently, the point of view that assumes having no point of view. We are dealing, then, with a philosophy in which the epistemic subject has no sexuality, gender, ethnicity, race, class, spirituality, language, or epistemic location within power relations, and a subject that produces truth from an interior monologue with himself without relation to anyone outside him (Grosfoguel 2012, S. 89).

Das Subjekt bzw. der weiße, männliche europäische Wissenschaftler/Philosoph vertrat dadurch einen vermeintlich neutralen und objektiven Standpunkt, indem er seinen eigenen Standpunkt und Sprechort verbarg und in Verbindung mit den bereits bestehenden und sich weiter ausbreitenden kolonialen Machtstrukturen diese Form der Wissensproduktion und Wissensweise zugleich als die einzig gültige für sich allein beanspruchte. Dussel und Grosfoguel argumentieren, dass einerseits das koloniale/imperiale Selbstverständnis eines *ego conquiro* (ich erobere) des Kolonisierenden und der dadurch entstandenen Vorstellung, Europa sei das Zentrum der (modernen/kolonialen) Welt, weil es den ‚Rest' (bereits) entdeckt und erobert (habe), eine grundlegende Voraussetzung für eine solche (wissenschaftliche) Grundhaltung sei. Andererseits sei aber auch die Logik der Vernichtung von anderem Leben und Wissen, die mit den Genoziden und Epistemiziden im langen 16. Jahrhundert an Muslim*innen und Jüd*innen, den indigenen Gesellschaften Süd- und Nordamerikas, Asiens und Afrikas sowie an Frauen in Europa (Hexenverfolgung) einherging, konstitutiver Grundbestandteil jener Haltung (Brunner 2020; Grosfoguel 2013).

> The social, economic, political and historical conditions of possibility for a subject to assume the arrogance of becoming God-like and put himself as the foundation of all truthful knowledge was the imperial being, that is, the subjectivity of those who are at the centre of the world because they have already conquered (Grosfoguel 2008, S. 5).

„It is the logic of genocide/epistemicide together that mediates the ‚I conquer' with the epistemic racism/sexism of the ‚I think' as the new foundation of knowledge in the modern/colonial world" (Grosfoguel 2013, S. 77). Das von Kolonisierung und Vernichtung geprägte Selbstbild der europäischen Kolonisierenden spiegelte sich somit auch im Wissenschaftsbetrieb und der Art und Weise, wie über Wissen und Wahrheit gedacht und gesprochen wurde, wider. Diese wissenschaftliche (oder allgemeiner: epistemische) Grundhaltung des kartesischen *cogito ergo sum* – eines der zentralen Leitmotive der Aufklärung – entspreche einer eurozentrischen Auffassung von Wissen bzw. Wissenschaft, die alle anderen nicht-europäischen Formen der Wissensproduktion und Wissensweisen subalternisiere, unterdrücke, zerstöre und durch die eigene zu ersetzen versuche (Quijano 2000, 2007).

> The Eurocentric version is based on two principal founding myths: first, the idea of the history of human civilization as a trajectory that departed from a state of nature and culminated in Europe; second, a view of the differences between Europe and non-Europe as natural (racial) differences and not consequences of a history of power. Both myths can be unequivocally recognized in the foundations of evolutionism and dualism, two of the nuclear elements of Eurocentrism (Quijano 2000, S. 542).

Die Kritik des Eurozentrismus' zielt einerseits auf eine ethnozentrische Perspektive, also einen durch die eigene (europäische) Kultur und Sozialisation geprägten Blick auf die Lebenswelt von sich und anderen Menschen. Neben dieser (unumgehbaren) Subjektivität und Perspektivität meint Quijano allerdings vielmehr eine von Europa bzw. dem europäischen Wissenschaftsbetrieb ausgehende koloniale/imperiale Perspektive und gewaltsame Praxis, die sich einerseits fremde kulturelle Errungenschaften und Wissensweisen aneigne, andererseits die Wissensweisen der Anderen zugleich unterdrücke und zerstöre sowie allen anderen die eigene eurozentrische Perspektive gewaltsam aufzwinge (Quijano 2000, 2007; Garbe 2013; Germaná 2013, S. 81 ff.). Teil dieser (vornehmlich wissenschaftlichen) Praktiken sei die Übersetzungsarbeit, die simultan mit der Ausbreitung des *epistemischen Territoriums der Moderne* einhergehe und alle anderen Kulturen/Gesellschaften und deren Ontologien, Epistemologien und Kosmologien übersetze und in das eigene Denk- und Sprachsystem inkorporiere (Vázquez 2011, S. 28). „Translation appears thus as a process of selection, classification and appropriation that erases all that does not fit into the proper place of the already established epistemic territory" (Vázquez 2011, S. 34). Durch diese Form der aneignenden Übersetzungsarbeit würden alle anderen divergenten Sichtweisen entweder an das eigene System angepasst und inkorporiert, oder aber, sofern sie nicht übersetzbar sind, außerhalb der Moderne verortet, unterdrückt und unsichtbar gemacht (Vázquez 2011, S. 37). „By way of this strategy, scientific thought positions itself as the only valid form of producing knowledge, and Europe acquires an epistemological hegemony over all the other cultures of the world" (Castro-Gómez 2007, S. 433). Diese spezifisch eurozentrische Epistemologie lies keine Gesellschaft unberührt und wurde somit die hegemoniale und einzig zulässige Wissensweise.

> One of the most important event of the colonial intervention from the late seventeenth century to the early twentieth century was the invention of the ,savage' as an inferior being and the promotion of scientific and technological progress as imperative to achieve the highest stage of development – Western civilization. This creation of the other as a being devoid of knowledge and culture [...] was the counterpoint of the colonial requirement of transporting civilization and wisdom to peoples who lived in the dark recesses of ignorance [...] [reducing] the natives to the category of natural objects. If the savage represents the ultimate locus of inferiority, nature is the ultimate locus of exteriority (Santos, Nunes & Meneses 2007, S. xxxv).

Indem sich die europäischen Wissenschaften als die einzig ‚gültige' bzw. ‚richtige' Form des Wissens sowie der Wissensproduktion verstanden und zugleich alle anderen Formen entweder unterdrückten oder als traditionell und primitiv denunzierten, wurden diese außerhalb der modernen Welt (Europa) verortet. Derlei ‚primitive' Denkweisen oder ‚Traditionen' seien – so die Vorstellung – vormodern und daher nicht (mehr) Teil der aufgeklärten Gesellschaften in der modernen Welt. Dieses Außerhalb war allerdings kein Außerhalb, das von der Modernität/Kolonialität unberührt war, sondern ein Außerhalb, das von der Rhetorik der Modernität überhaupt erst geschaffen wurde.

> ,Tradition' is not outside modernity but in its *exteriority*: It is *an outside* invented by the rhetoric of modernity in the process of creating *the inside*. The outside of ,tradition' is invented in order to insure the inside as the locus of enunciation of knowledge. ,Tradition' is not a way of life that predated ,modernity' but an invention of the rhetoric of modernity (Mignolo 2008, S. 472).

Quijano zufolge vermittle die *eurozentristische* (Wissenschafts-)Perspektive eine *dualistische* Weltsicht sowie eine *evolutionistische* (und atomistische) Auffassung sozialen Lebens, die zugleich als *universelle* Wahrheit postuliert würde (Quijano 2000, 2007; Grosfoguel 2008).[14] Besonders deutlich zeige sich jene Weltsicht in der evolutionistischen und unilinearen Vorstellung von ‚Fortschritt' und ‚Entwicklung' bzw. in der Begriffskonnotation der ‚Moderne' selbst, die Mignolo anhand einer Zeit- und einer Raumsäule beschreibt. Die Zeitsäule jener Konnotation differenziere – wie der Begriff der Moderne andeutet – zwischen einem jetzigen (oder zukünftigen) *modernen* Zustand und einem (früheren) *primitiven* oder *traditionellen* Zustand, wobei der bessere moderne aus dem schlechteren und primitiven hervorgehe. Die Raumsäule sei wiederum eine hiermit einhergehende räumliche Differenzierung, die zwischen Europa als Ort der zivilisierten und aufgeklärten Gesellschaften und den Peripherien, als die Orte der ‚primitiven' und ‚traditionellen' Gesellschaften von ‚Barbaren' oder ‚Wilden' unterscheide (Mignolo 2011a, S. xiv; Schlechter 2019, S. 5). Indem die Verflechtungen der europäischen Kolonialherrschaft(en) und der eigenen Entwicklung zugleich systematisch ausgeblendet bzw. verschwiegen wurden, wurde die Vorstellung gefördert, jene ‚primitiven' (nicht-europäischen) Gesellschaften befänden sich in einer anderen bzw. früheren Entwicklungsphase, wohingegen sich die europäischen Gesellschaften im Gegensatz dazu bereits (von selbst) ‚aus ihrer eigenen Unmündigkeit' oder dem ‚Naturzustand' befreit hätten – zwei beliebte Narrative der Aufklärung – und somit weiter fortgeschritten, zivilisierter, rationaler – kurz gesagt: modern(er) wären. „The rhetoric of modernity builds fields of representation to legitimize the instituted and justify the global designs that bulldoze (by diplomacy, debt, or war) whatever impedes their march, which is the march of coloniality" (Mignolo 2018, S. 151). Ausgestattet mit dem Selbstbild eines modernen und aufgeklärten Zentrums der Welt, verortete sich Europa – bzw. die europäische Wissenschaft und Philosophie – folglich an der Spitze einer selbstimaginierten Entwicklungslaufbahn, die ausgehend von einem ‚primitiven Naturzustand' über den immergleichen Pfad führend in einer modernen, zivilisierten, nationalstaatlich und kapitalistisch strukturierten Gesellschaft

14 Die von Quijano als Eurozentrismus zusammengefasste und beschriebene Wissenschaftsperspektive entspricht in ihrer dualistischen und hierarchischen Strukturierung sowie auch in ihrer inhaltlichen Ausrichtung in vielerlei Hinsicht der des Kolonialdiskurses (sowie dem hierauf folgenden Entwicklungsdiskurs), wie er im Kapitel zur Postdevelopment-Theorie dargestellt wurde (siehe Kap. 3.1).

nach euro-atlantischem Vorbild münde (Brunner 2020; Dussel 2000; Garbe 2013; Mignolo 2011a, 2018; Quijano 2000; Schlechter 2019).

> Modernity and tradition are two modern concepts, not two ontologies, one modern and the other premodern. As modernity was construed by means of fictional narratives in which modernity itself is the main character, the word names a historical period and a set of norms that defines socioeconomic organization as well as particular subjects and subjectivities. Fiction becomes reality. In these narratives, tradition is construed as a period preceding the advent of modernity. In these narratives, coloniality is always absent and therefore ‚tradition' materializes the hidden logic of coloniality, which is how the rhetoric of modernity operates. [...] modernity has always been figured as if it were universal and therefore shall be extended globally: it was assumed that the rest of the planet was going through a similar unfolding of history in the inexorable march toward modernity, and that at some point it would go through the same periodization as Europe. Western Europe and more recently the U.S. were the point of arrival for the rest of the planet. Society would be organized the same way, and subjects and subjectivities would all be European clones. [...] Coloniality is not over; it is all over (Mignolo 2018, S. 118).

Der westliche Wissenschaftsbetrieb stützte somit den Kolonialismus, indem er die kolonialen Macht- und Herrschaftsverhältnisse durch eine vermeintliche ‚biologische' und daher naturgegebene Höherwertigkeit begründete, geeignete Narrative bereitstellte sowie damit einhergehende koloniale/imperiale Praktiken als rational und objektiv darstellte, sie (moralisch) legitimierte und so zu ihrer Aufrechterhaltung und sogar Intensivierung verhalf. Der Kolonialismus bzw. die etablierten kolonialen Macht- und Herrschaftsstrukturen trugen wiederum dazu bei, dass der europäische Wissenschaftsbetrieb diese (eurozentrische) Vorstellung und Wissenschaftsperspektive global verbreitet(e), sich andere Wissensformen aneignete, sie auslöschte, sein Modell an deren Stelle setzte und es so als weltweit hegemoniale und einzig anerkannte Wissens(produktions)weise institutionalisierte (Brunner 2020; Maldonado-Torres 2007). Der Eurozentrismus, als eine sehr spezifische Epistemologie, wurde durch den Kolonialismus und die daran anschließende Kolonialität der Macht zu einem globalen und hegemonialen Wissensmodell, einem totalitären Projekt, das darauf abzielte, alle Wissensweisen, Perspektiven, Lebensformen und Weltsichten unter einem einzigen Modell zu subsummieren, wobei all jene (nicht-europäischen) Kulturen und Gesellschaften stets als eine (subalterne) Manifestation der eigenen (europäischen) Kultur und Geschichte betrachtet wurden und werden, die eine Zivilisierung, Modernisierung und oder Entwicklung nach europäischem Vorbild benötigen (Escobar 2010). „[…] [T]he rhetoric of modernity made us believe that Indigenous were non-Europeans needing European universal religion and secular sciences and philosophy to become civilized and developed; that is, modern" (Mignolo 2018, S. 121). Durch die über 500 Jahre andauernde und fortlaufende Reproduktion dieser dualistischen eurozentrischen Weltsicht hatte dies zugleich immense Auswirkungen auf die Selbstwahrnehmung, Identität und Subjektivität – also das Sein – der Menschen.

Kolonialität des Seins

Das besonders von Nelson Maldonado-Torres (2007) und Walter Mignolo (2018) ausgearbeitete Konzept der *Kolonialität des Seins* bezieht sich auf die ontologische bzw. sub-ontologische Dimensionen von Kolonialität und steht in engem Zusammenhang mit den beiden Bereichen von Macht und Wissen. Auch Maldonado-Torres führt diese Dimension – unter Bezugnahme auf Franz Fanon und Enrique Dussel – auf den Übergang zur Egopolitik zurück und fügt der cartesischen Formulierung des *ego cogito* die komplementäre und verschwiegene Perspektive/Vorstellung des ‚Ichs' bzw. des *Imperial Man* über die *‚Anderen'* hinzu (Brunner 2020; Garbe 2013; Maldonado-Torres 2007, S. 245).

> Beneath the ‚I think' we can read ‚others do not think', and behind the ‚I am' it is possible to locate the philosophical justification for the idea that ‚others are not' or do not have being. […] From ‚I think, therefore I am' we are led to the more complex and both philosophically and historically accurate expression: ‚I think (others do not think, or do not think properly), therefore I am (others are-not, lack being, should not exist or are dispensable)' (Maldonado-Torres 2007, S. 252).

Maldonado-Torres argumentiert, dass sich die gewaltförmigen Praktiken des Kolonialismus nicht nur auf die Bereiche der Politik, Ökonomie, Epistemologie sowie Natur, sondern auch auf das ganz konkrete Sein der Menschen – der Kolonisierenden sowie der Kolonisierten – selbst auswirk(t)en. Physische Gewalt bzw. die konfliktive und gewaltförmige Machtausübung – Maldonado-Torres spricht diesbezüglich von Krieg – sei das bevorzugte und privilegierte Mittel der Kolonisierenden gewesen, um Einfluss auf die öffentliche Ordnung sowie auf die sozialen Beziehungen der Kolonisierten auszuüben (Brunner 2020,

S. 55). Maldonado-Torres rückt diesbezüglich speziell die Erfahrungen der Kolonisierten und deren tägliches Erleben/Erleiden von direkter Gewalt ins Zentrum seiner Analysen. Außer- bzw. unterhalb der ontologischen Differenz des Seins verortet, wurden die Kolonisierten dabei als Menschen und politische Subjekte unsichtbar – sie wurden dehumanisiert. Während ihnen ihr Menschsein abgesprochen wurde, wurden sie zugleich aber als Sexualobjekte sowie als Sinnbilder von Gewalt und Bedrohung betrachtet und hierdurch besonders sichtbar (Brunner 2020, S. 56; Maldonado-Torres 2007, S. 256 f.). Sie galten als das niedere, defizitäre, sexualisierte und/oder gewalttätige, böswillige und zugleich sexuell begehrbare Alter Ego – als ‚sub-alter' (Maldonado-Torres 2007. S. 257).

> The Black man is depicted as an aggressive sexual beast who desires to rape women, particularly White. The Black woman, in turn, is seeing as always already sexually available to the raping gaze of the White and as fundamentally promiscuous. […] Both ‚raping' and ‚being raped' are attached to Blackness as if they were part of the essence of Black folk, which is seeing as a dispensable population. Black bodies are seeing as excessively violent and erotic, as well as the legitimate recipients of excessive violence, erotic and otherwise (Maldonado-Torres 2007, S. 255).

Diese zwischen den Kolonisierenden und Kolonisierten herrschende sub-ontologische Differenz sei mit der Argumentationslogik von Kriegen bzw. mit der *Nicht-Ethik von Kriegen* vergleichbar, in der diverse Formen der Gewalt und auch Mord als gerechtfertigt und/oder als (notwendiger) Bestandteil des (Kriegs-)Alltags betrachtet würden. Während Kriege allerdings eine vorübergehende Ausnahmesituation darstellten, in der jene Nicht-Ethik vorherrschte, sei sie durch die Rassenideologie und den Sexismus im Kolonialismus *naturalisiert* und dadurch zugleich zu einem dauerhaften Bestandteil der Lebenswelt in den Kolonien geworden. „While in war there is murder and rape, in the hell of the colonial world murder and rape become day to day occurrences and menaces" (Maldonado-Torres 2007, S. 255). Während derlei Praktiken in den als modern und aufgeklärt geltenden Gesellschaften Europas als gesetzeswidrig und unmoralisch betrachtet wurden und Kriege eine Ausnahme von dieser Regel darstellen sollten, waren sie in den von Europa beherrschten Kolonien legaler und legitimer Teil der alltäglichen Praxis gegenüber den kolonisierten und/oder versklavten Menschen. Die koloniale Welt war kein kontextspezifischer (kriegerischer) Ausnahmezustand, sondern normaler Lebensalltag, in dem

Menschen jederzeit versklavt, vergewaltigt oder ermordet werden konnten (Brunner 2020, S. 56 f.). „The extraordinary event of confronting mortality turns into an ordinary affair" (Maldonado-Torres 2007, S. 255). Diese naturalisierte Nicht-Ethik des Krieges wurde zu einem konstitutiven Bestandteil der westlichen Moderne und die ‚modernen' Gesellschaften, die sich selbst als gewaltfrei(er) und zivilisiert(er) betrachteten, legten wiederum die in den Kolonien praktizierte Gewalt als eine zur Zivilisierung/Entwicklung jener Menschen notwendige und daher auch moralisch legitime Praxis aus.

> The murderous and raping social body projects the features that define it to sub-Others, in order to be able to legitimate the same behavior that is allegedly descriptive of them. The same ideas that inspire perverted acts in war, particularly slavery, murder and rape, are legitimized in modernity through the idea of race and gradually are seeing as normal to a great extent thanks to the alleged obviousness and non-problematic character of Black slavery and anti-Black racism (Maldonado-Torres 2007, S. 255 f.).

Die fortlaufende (Re-)Produktion dieser ontologischen Differenz beeinflusste dabei sowohl die Subjektivität und das Sein der Kolonisierenden als auch das der Kolonisierten. „It affected the subjectivity of both Europeans, and former civilizations of Aztecs, Mayas, Incas, Iroquois, Tainos, Arawaks, Mapuches, and so on. With time, its effects were extended to Asia and Africa" (Mignolo 2018, S. 128). Wie Grosfoguel (2008) betont, bestünde der Erfolg des modernen/kolonialen Weltsystems genau in dem Aspekt, dass sich nicht nur die Kolonisatoren, sondern auch die Kolonisierten der Logik und Rhetorik der Modernität/Kolonialität unterordneten und selbst begannen, sich aus der Perspektive der Kolonisatoren zu betrachten. „The success of the modern/colonial world-system consists precisely in making subjects that are socially located on the oppressed side of the colonial difference think epistemically like the ones in dominant positions" (Grosfoguel 2008, S. 4).

Von der Modernität/Kolonialität zur Dekolonialität

Die Vertreter*innen des M/C/D-Ansatzes erachten zwar den Kolonialismus, jedoch nicht die globale Modernität/Kolonialität als überwunden.

> The heterogeneous and multiple global structures put in place over a period of 450 years did not evaporate with the juridical-political decolonization of

> the periphery over the past 50 years. We continue to live under the same ‚colonial power matrix‘. With juridical political decolonization we moved from a period of ‚global colonialism' to the current period of ‚global coloniality' (Grosfoguel 2008, S. 8).

Innerhalb der kolonialen Matrix von Macht, Wissen und Sein (sowie Gender, Geschlecht und Natur) hätten sich demnach die Inhalte und Narrative, nicht aber die zugrundeliegenden Strukturen und Machtverhältnisse verändert (Mignolo 2018, S. 123 f.).

> The imposition of Christianity in order to convert the so-called savages and barbarians in the 16th century, followed by the imposition of ‚the white man's burden' and ‚civilizing mission' in the 18th and 19th century, the imposition of the ‚developmentalist project' in the 20th century and, more recently, the imperial project of military interventions under the rhetoric of ‚democracy' and ‚human rights' in the 21st century, have all been imposed by militarism and violence under the rhetoric of modernity of saving the other from its own barbarianisms (Grosfoguel 2008, S. 16).

Tlostanova und Mignolo (2009) sowie Schlechter (2019) differenzieren diesbezüglich zwischen drei großen Prozessen bzw. Narrativen der Modernität, die jeweils durch Prozesse des Widerstands sowie der Dekolonisierung begleitet wurden. Die erste große Narration war demnach die Theopolitik des 16. und 17. Jahrhunderts, die das Ziel der christlichen Missionierung und Konvertierung verfolgte. Der erste hierauf folgende Dekolonisierungsprozess in den Amerikas ereignete sich etwa zeitgleich zu den Revolutionen in Frankreich und Großbritannien. Die zweite große Geschichte ist die der Aufklärung in Frankreich, England (und Deutschland) und verfolgte das Ziel der Zivilisierung jener Menschen und Gesellschaften. Die anschließende zweite Dekolonisierungswelle richtete sich wiederum direkt gegen jene zivilisierenden, kolonialen und imperialen Praktiken der europäischen Nationalstaaten nach Ende des zweiten Weltkrieges.

> When the US took over the leadership from England and France, after World War II, the mission was to develop the ‚underdeveloped' countries and to modernize the traditional ones. This third stage was the developmental and modernizing mission (Tlostanova & Mignolo 2009, S. 135).

> The concepts of development and underdevelopment are new versions of the rhetoric of modernity insofar as both concepts were invented to reorganize the temporal and spatial colonial differences. By categorizing the underdeveloped world both as behind in time and far in space, the

> underdeveloped and the Third World became indistinguishable. Although the very idea of development and underdevelopment carries the weight of economy, it also incorporates the rest of human experience. ‚Underdeveloped' in a highly industrialized world, also implies being ‚behind' in spirit and knowledge (Mignolo 2008, S. 473).

Das dritte Ziel – das der Entwicklung der ‚Unterentwickelten' – wird von Vertreter*innen des M/C/D-Ansatzes nicht nur auf die westlichen Praktiken der Entwicklungspolitik und -zusammenarbeit begrenzt. Auch die auf europäische Denker zurückgehenden Ideen des Sozialismus/Kommunismus sowie die von der Sowjetunion ausgehenden kolonialen Praktiken im Kaukasus und Zentralasien werden ebenso als eurozentrische Vorstellung und als Teil der Modernität/Kolonialität betrachtet. „Thus we can say, that modernity in the 20th century was realized in two forms – the liberal/capitalist modernity and the socialist/statist one" (Tlostanova & Mignolo 2009, S. 136). Infolge des Zusammenbruchs der Sowjetunion sowie dem machtpolitischen Aufstieg Chinas, Indiens und anderen (häufig früher selbst kolonisierten) Staaten wurde die Hegemonialstellung des Westens zwar durch eine zunehmend polyzentrische Machtkonstellation abgelöst, doch blieb die global wirksame koloniale Matrix weiterhin intakt. Besonders deutlich werde dies an der zweiten Achse der Kolonialität der Macht (globaler Kapitalismus), die heute die dominanteste und wirksamste Dimension bzw. Achse der Kolonialität sei.

> Today, the colonial matrix of power is dominated more than ever in the past five hundred years by the sphere of the economy. Once, Christianity wanted to control the souls; now, the economic spirit of capitalism controls bodies and souls. The rhetorical promise is not ‚Paradise after death', but ‚Happiness after Development' (Tlostanova & Mignolo 2009, S. 146).

Die globale Modernität/Kolonialität sei überall auf der Welt wirksam und hätte keine Gesellschaft oder Kultur oder deren lokale Geschichte ausgespart (Mignolo 2008, S. 497). „No culture in the world remained untouched by European modernity. There is no absolute outside to this system" (Grosfoguel 2008, S. 15). Die Notwendigkeit eines dritten (bereits laufenden aber bis dato keinesfalls abgeschlossenen) Dekolonisierungsprozesses entspringt nach Ansicht des M/C/D-Ansatzes somit aus den unzureichenden vorhergehenden Prozessen, die die grundlegenden Strukturen der Kolonialität nie vollständig auflösen konnten. „[...] [W]e still live in a colonial world and we need to break from the narrow ways of thinking about colonial relations, in order to accomplish the unfinished and incomplete 20th century dream of decolonization" (Grosfoguel 2008, S. 10). Dieser dritte Prozess der Dekolonisierung – der der *Dekolonialität* – zielt darauf ab, das moderne/koloniale kapitalistische Weltsystem – die *globale Modernität/Kolonialität* – zu überwinden.

Dekolonialität

Vertreter*innen des M/C/D-Ansatzes umschreiben den dritten Dekolonisierungsprozess häufig als einen *decolonial turn* (Grosfoguel 2007; Maldonado-Torres 2016), *shift* (Mignolo 2008) oder auch als *option* (Mignolo 2011b; Schlechter 2019), der die Transzendierung von Modernität – die Transmodernität – anstrebe (Garbe 2013, S. 44; Mignolo 2008). Der hier gewählte Begriff der *dekolonialen Option* solle dabei nicht als ein Paradigmenwechsel hin zu einem neuen Universalismus, sondern als eine Möglichkeit betrachtet werden, die dem eigenen Denken Orientierung biete und Auswege aus den Paradigmen der Modernität/Kolonialität aufzeige (Schlechter 2019, S. 16). „The decolonial option offers a particular frame and orientation for research, arguing, doing, and the praxis of living" (Mignolo 2018, S. 127). Eine dekoloniale Perspektive dürfe weder auf denselben noch auf gegensätzlichen Universalismen beruhen, sondern bedürfe eines kritischen Dialogs zwischen divergenten epistemischen, ethischen und politischen Projekten, deren Ziel nicht Universalität und Uniformität, sondern Pluriversalität und Heterogenität sei (Grosfoguel 2008, S. 2; Mignolo 2008, S. 494; Schlechter 2019, S. 16). „Decoloniality promotes pluriversality as a universal option—which means that what ‚should be' universal is in fact pluriversal, and not a single totality" (Mignolo 2018, S. 147). Angestrebt wird eine Welt, in der viele Welten (Kothari et al. 2019) – also Kosmologien, Epistemologien und somit letztlich divergente soziale Totalitäten – existieren können, ohne dass irgendeine dieser Perspektiven Universalität für sich bzw. die eigene soziale Totalität beanspruche, sondern alle die Heterogenität der Realität und somit auch die Totalität eines jeden ‚Anderen' anerkennen. Die Konstruktion der eigenen Identität(en) und somit die Konstruktion der eigenen sozialen Totalität (Quijano 2007, S. 174 f.) benötige die Idee von etwas ‚Anderem', um sich selbst überhaupt erst als hiervon ‚verschieden' oder ‚Anders' begreifen zu können. Diese Konstruktion des Eigenen und des ‚Anderen' dürfe, im Gegensatz zur eurozentrischen Perspektive, allerdings weder mit einer Wertung, Hierarchisierung oder einem Ausschluss der ‚Anderen' verbunden sein (Quijano 2007, S. 177).

> [...] [I]f we take scientific knowledge as a form of globalized localism, [...] we may recognize that one of the aspects of the crisis of modern knowledge rests upon the fact that it perpetuates the relations of colonial inequality, giving shape to a monoculture of knowledge (Santos et al. 2007, S. xxxix).

Nur so könne die Basis für einen gemeinsamen und interkulturellen Dialog entstehen, in dem Alle zusammen eine neue, kollektive und auf Heterogenität gründende Universalität kultivieren können – eine Pluriversalität. Voraussetzung für eine solche Pluriversalität sei wiederum die Dekolonisierung des (eigenen) Wissens (Lugones 2017; Mignolo 2008; Quijano 2007).

> First of all, epistemological decolonization, as decoloniality, is needed to clear the way for new intercultural communication, for an interchange of experiences and meanings, as the basis of another rationality which may legitimately pretend some universality (Quijano 2007, S. 177).

Der Prozess der Dekolonisierung des Wissens, der häufig auch als *Delinking* oder *Border Thinking* bezeichnet wird (Lugones 2017; Mignolo 2008, S. 463), richtet sich gegen die Praxis (und Perspektive) der Egopolitik des Wissens. Anstatt den eigenen Standpunkt und Sprechort im modernen/kolonialen Weltsystem sowie die damit verbundene Perspektive (des Egos) zu verbergen, müssten derlei Aspekte offengelegt werden. „Any project of decolonization must operate in full awareness of its location within the complex relations structured by imperial and colonial differences" (Mignolo 2008, S. 498). Zugleich müssten alle anderen bisher ausgeschlossenen oder unterdrückten/subalternisierten Wissens(produktions)weisen, auch wenn sie nicht mit der eigenen übereinstimmen, als gleichwertig und gleich ‚sinnvoll' anerkannt und entsprechend berücksichtigt werden (Santos et al. 2007).

> A delinking that leads to de-colonial epistemic shift and brings to the foreground other epistemologies, other principles of knowledge and understanding and, consequently, other economy, other politics, other ethics. ‚New inter-cultural communication' should be interpreted as new inter-epistemic communication [...]. Furthermore, de-linking presupposes to move toward a geo- and body politics of knowledge that on the one hand denounces the pretended universality of a particular ethnicity (body politics), located in a specific part of the planet (geo-politics), that is, Europe where capitalism accumulated as a consequence of colonialism. De-linking then

> shall be understood as a de-colonial epistemic shift leading to other-universality, that is, to pluri-versality as a universal project (Mignolo 2008, S. 453).

Delinking bzw. Border Thinking erfordere somit zunächst, dass der eigene sog. geo- und körperpolitische Sprechort in der kolonialen Matrix berücksichtigt und offengelegt werde. „[...] [W]e always speak from a particular location within power structures. Nobody escapes the class, sexual, gender, spiritual, linguistic, geographical, and racial hierarchies of the ‚modern/colonial capitalist/patriarchal world-system'" (Grosfoguel 2008, S. 3). Das Subjekt, das Wissen produziert, solle ihre/seine *geopolitische* und *körperpolitische* Position preisgeben und offenlegen, wer sie/er ist, von wo sie/er spricht, und warum sie/er dies macht. „The main point here is the locus of enunciation, that is, the geo-political and body-political location of the subject that speaks" (Grosfoguel 2008, S. 3). Durch das Benennen des eigenen Sprechortes lege die/der Sprecher*in ihre/seine hierdurch bedingte Perspektive auf die Realität/Wirklichkeit sowie die damit verbundenen Grenzen ihres/seines Wissens dar und erteilte dadurch jeglichem Anspruch auf Universalität eine Absage (Garbe 2013, S. 42; Lugones 2017, S. 45).

> Pluriversality, and not universality, is the major claim made by border thinking and the justification for the de-colonial shift. Once again, there is no pluri-versality from the perspective of theo- and ego-politics of knowledge. Pluri-versality is only possible from border thinking, that is, from shifting the geography of reason to geo- and body politics of knowledge (Mignolo & Tlostanova 2006, S. 210).

Vertreter*innen der dekolonialen Theorie gehen darüber hinaus davon aus, dass das moderne/koloniale kapitalistische Weltsystem nicht von innen heraus, sondern nur mit Hilfe derjenigen Wissensweisen und Praktiken überwunden werden könne, die teils seit Jahrhunderten Widerstand gegen ihre Konvertierung/Zivilisierung/Entwicklung nach westlichen Idealen leisten (Lugones 2017, S. 45). „In other words, if the colonizer needs to be decolonized, the colonizer may not be the proper agent of decolonization without the intellectual guidance of the *damnés"* (Mignolo 2008, S. 458). Statt also andere (nichteuropäische) Lebensweisen sowie die ihnen zugrundeliegenden Epistemologien und Kosmologien (weiterhin) zu denunzieren, zu unterdrücken oder auszuschließen, müssten jene subalternisierten Wissens- und Lebensweisen als gleichwertig anerkannt, berücksichtigt und als *die* eigentlichen Vorbilder von dekolonialer Theorie und Praxis einbezogen werden.

> The point here is to put the colonial difference (Mignolo, 2000) at the centre of the process of knowledge production. Subaltern knowledges are those knowledges at the intersection of the traditional and the modern. [...] These are forms of resistance that resignify and transform dominant forms of knowledge from the point of view of the non-Eurocentric rationality of subaltern subjectivities thinking from border epistemologies (Grosfoguel 2008, S. 15).

Die subalternisierten Denk-, Wissens- und Lebensweisen seien von der kolonialen Matrix weder vollkommen unberührt noch vollständig kolonisiert oder zerstört worden und befänden sich daher weder außerhalb noch innerhalb des globalen modernen/kolonialen kapitalistischen Weltsystems, sondern in dem Raum der kolonialen Differenz (Mignolo 2008). Wie Mignolo (2008) und Grosfoguel (2008) betonen, gäbe es kein absolutes Außerhalb (outside) der Modernität/Kolonialität mehr, sondern nur ein Außerhalb (exteriority), das von der Rhetorik der Moderne konstruiert bzw. als ein solches Konstrukt aufrechterhalten werde. „If there is no outside of capitalism and western modernity today, there are many instances of exteriority: that is, the outside created by the rhetoric of modernity [...]" (Mignolo 2008, S. 462). Der Raum der kolonialen Differenz wird somit nicht nur – wie zu Beginn erläutert – als der Ort betrachtet, an dem die Kolonialität der Macht konstituiert würde und wirksam sei, sondern auch als derjenige, an dem sie überwunden und zerstört werden könne (Grosfoguel 2008; Mignolo 2000, 2008; Schlechter 2019, S. 15). Dieses Außerhalb bzw. der Raum der kolonialen Differenz sei die Grenze (Border) – der Schrägstrich – zwischen Modernität/Kolonialität.

> That border lies where, as Dussel has underlined, Western knowledge and subjectivity, control of land and labor, of authority, and ways of living gender and sexuality have been ‚contacting' other languages, memories, principles of knowledge and belief, forms of government and economic organization since 1500 (Mignolo 2008, S. 497)

Eine Dekolonisierung des Wissens – das Border Thinking – erfordere, sich in diesen Grenzraum der kolonialen Differenz – in das Außerhalb (exteriority) – zu begeben und diesen als Ausgangspunkt des Denkens zu wählen. „Border thinking is the epistemology of the exteriority; that is, of the outside created from the inside; and as such, it is always a decolonial project" (Mignolo & Tlostanova 2006, S. 206).

Der Begriff der Grenze (border) bezieht sich hierbei weniger auf eine geographische Grenze wie bspw. die eines Nationalstaats, sondern vielmehr auf eine epistemische Grenze, innerhalb derer die Rhetorik der Modernität/Rationalität wirksam und dominierend sei (Grosfoguel 2008; Mignolo & Tlostanova 2006, S. 208; Vázquez 2011). Diesbezüglich scheint die von Rolando Vázquez (2011) verwendete Bezeichnung *Epistemisches Territorium der Moderne* hilfreich. Dieses Territorium überschneide sich zwar in vielerlei Hinsicht mit dem geographischen Westen (Europa und USA), sei aber nicht auf diese Gebiete begrenzbar und erstrecke sich über deren geographische Grenzen hinaus. „The epistemic territory of modernity is coeval to the movement of appropriation that we find at play in modernity's economic, political, cultural and scientific systems" (Vázquez 2011, S. 29). Innerhalb dieses Territoriums dominiere die Rhetorik der Moderne sowie die eurozentrische Epistemologie/Kosmologie, die alle dortigen Wissensweisen übersetzte, inkorporierte und dadurch letztlich häufig zerstörte. Diese eurozentrische Form der Wissensproduktion und Wissensweise kann somit als eine lokale bzw. provinzielle Wissensweise verstanden werden, die durch den Kolonialismus und die Kolonialität global als die dominante und somit innerhalb dieses Systems einzig gültige Epistemologie etabliert wurde (Quijano 2007; Santos et al. 2007). In dem von der Rhetorik der Modernität konstruierten Außerhalb (exteriority) befänden sich demgegenüber all jene nicht übersetz- und inkorporierbaren und deshalb ausgeschlossenen, verschwiegenen und unsichtbar gemachten Epistemologien und Kosmologien (Vázquez 2011, S. 28). „What remains invisible, the untranslatable, are all those forms of understanding and relating to the world that constitute the exteriority of modernity" (Vázquez 2011, S. 37). Diese befänden sich aber nicht außerhalb (outside), sondern an der Grenze – dem Schrägstrich – zwischen Modernität/Kolonialität, in dem konstruierten Außerhalb (exteriority), in dem sie Widerstand gegen ihre Subalternisierung, Vereinnahmung oder Zerstörung leisten und für ihr Fortbestehen und Überleben kämpfen (Vázquez 2011).

> […] These border epistemologies subsume/redefine the emancipatory rhetoric of modernity from the cosmologies and epistemologies of the subaltern, located in the oppressed and exploited side of the colonial difference, towards a decolonial liberation struggle for a world beyond eurocentered modernity (Grosfoguel 2008, S. 17).

Notwendige Grundlage eines solchen interkulturellen bzw. inter-epistemischen Dialogs sei aber auch ein ausreichendes Verständnis der ‚Anderen' und deren jeweiliger Perspektiven und Positionen. Diesbezüglich erscheinen besonders die divergenten kosmologisch-ontologischen Grundannahmen, Verständnisse oder Vorstellungen von Relevanz, die zuweilen nicht oder nur sehr schwer übersetzbar scheinen, aber dennoch von immenser Bedeutung für ein besseres Verständnis der ‚Anderen' sind (Vázquez 2011, S. 40). Wie Vázquez hervorhebt, müsse Übersetzungsarbeit allerdings nicht zwingend in einer Simplifizierung, Inkorporation oder Ausgrenzung anderer Wissensweisen und Perspektiven münden, wie es bei der Ausbreitung des epistemischen Territoriums der Moderne der Fall sei. Übersetzung könne zugleich aber auch divergente und heterogene Perspektiven näher zusammenbringen und eine Basis für gemeinsame Bemühungen und Anliegen schaffen, ohne die Besonderheiten und Differenzen einzelner Perspektiven und ihrer jeweils einzelnen Anliegen zu untergraben oder sogar zu zerstören (Santos et al. 2007, S. xxvi; Vázquez 2011, S. 41 f.).

Auch Vertreter*innen des M/C/D-Ansatzes betrachten besonders Graswurzelbewegungen sowie indigene bzw. lokale Gemeinschaften des globalen Südens und deren philosophische sowie ontologische/kosmologische Konzeptionen als Vorbilder und aktive/gelebte Formen des Widerstands gegen das moderne/koloniale kapitalistische Weltsystem (Alimonda 2019; Escobar 2018; Grosfoguel 2008; Mignolo & Tlostanova 2006; Walsh 2018; Vázquez 2012). Die von den mir betrachteten Autor*innen aufgeführten Beispiele überschneiden sich zugleich in hohem Maße mit denjenigen, die von Vertreter*innen der Postdevelopment-Perspektiven herangezogen bzw. genannt werden. Neben den *Zapatistas* (Escobar 2016b; Grosfoguel 2008, S. 17; Mignolo & Tlostanova 2006, S. 218 f.), deren Leitspruch ‚a world, where many world´s can exist' m.E. in gewisser Hinsicht auch stellvertretend für die Idee bzw. das Ziel von Dekolonialität betrachtet werden kann, ist auch die *Buen Vivir* Philosophie ein häufig genanntes und diskutiertes Beispiel, wobei diesbezüglich eher von vielen verschiedenen, jedoch sehr ähnlichen Konzepten gesprochen werden sollte (Escobar 2016b, 2018; Mignolo 2011a, S. 307; Vázquez 2012; Walsh 2018).

> The question of buen vivir signals the borders and it gives voice to the outside of modernity. It opens itself up as a question, an interpellation from the exteriority of western thought. Buen vivir shows us the beyond modern

critical thought and the need to open a critique towards an intercultural dialogue (Vázquez 2012, S. 1).

Stark beeinflusst von bzw. gründend auf indigenen Philosophien und Kosmologien, werden die Konzeptionen von Buen Vivir von indigenen vornehmlich in der Anden- und Amazonasregion lebenden Gemeinschaften mit Unterstützung von ‚verbündeten' nicht-indigenen Intellektuellen, Wissenschaftler*innen und Aktivist*innen aufrechterhalten und fortlaufend weiterentwickelt. Teile der Buen Vivir Philosophie wurden 2008 in die ecuadorianische und 2012 in die bolivianische Verfassung aufgenommen (Gudynas 2009, 2013; Walsh 2010), was nach Walsh als ein Beispiel dekolonialer Theorie und Praxis – als ein ‚to think with' – (siehe Kap. 2) verstanden werden kann.

> „Together, Pachamama and buen vivir are concrete examples of an interculturalized, interculturalizing, and interversalizing constitutionalism that, for the first time in Ecuador and the world, endeavors to think with ancestral millennial cultures and their cosmo-existential and life-based philosophies and principles, as philosophies and principles that can govern society" (Walsh 2018, S. 65).

Des Weiteren werden bspw. auch die *Ubuntu* Philosophie sowie ähnliche Konzepte aus Zentral- und Südafrika (Escobar 2016b), die Kosmologien und Lebensweisen indigener Gemeinschaften aus Nordamerika (Alimonda 2019, S. 127; Escobar 2016b), oder auch die global ausgerichteten *Rights of Nature*- (Escobar 2016b, 2018) und *Environmental Justice* Bewegungen (Alimonda 2019) häufig als Beispiele für eine dekoloniale Denk-, Handlungs- oder Lebensweise angeführt.

3.3 Der Modernity/Coloniality/Decoloniality-Postdevelopment-Nexus

Wie deutlich zu machen versucht wurde, zeigen sich diverse Parallelen, aber auch einige Differenzen bei den Theorieschulen (Bendix 2017; Escobar 2015; Klein & Morreo 2019). Trotz bestehender (m.E. vornehmlich theorieperspektivischer) Differenzen soll, nicht zuletzt aufgrund der hier herangezogenen Beiträge und zitierten Autor*innen, eine Unterscheidung beider Perspektiven im weiteren Verlauf nicht aufrechterhalten werden. Vielmehr möchte ich mich auf die vielen Gemeinsamkeiten zwischen beiden Theorieschulen sowie ihrer Anliegen und Kritiken konzentrieren und mich der Suche nach und Schaffung von Allianzen und Koalitionen zwischen all jenen Theorieschulen anschließen, die gemeinsam Widerstand gegen die globale Kolonialität leisten (Tlostanova 2019, S. 175) und Frieden zwischen den Menschen und mit der Natur zu fördern/schließen versuchen (Kothari et al. 2019). Diese Auffassung lässt sich m.E. auch bei der überwiegenden Mehrzahl der hier betrachteten Autor*innen wiederfinden. So weist beispielsweise Christine Klapeer (2016) auf bestehende Parallelen zwischen Postdevelopment und der dekolonialen Perspektive hin, deren direkte Überschneidungspunkte es allerdings noch genauer herauszuarbeiten und zu diskutieren gelte.

> [Beiden] Ansätzen gemeinsam ist sicherlich die Zurückweisung (einer Universalisierung) des ‚Mythos der Moderne' und damit einer De-Zentrierung und Transgression moderner Wissenschafts- sowie unilinearer Entwicklungs- und Gesellschaftsverständnisse, da diese als explizit kolonialen und eurozentristischen Werten und Logiken verpflichtet begriffen werden. An dieser Stelle gilt es daher zu diskutieren, inwiefern Post-Development als *dekoloniales* Projekt gelesen werden kann, da Widerstand und Alternativen stets *außerhalb* und *jenseits* von ‚Entwicklung' ihren institutionellen Apparaten und (diskursiven) Erscheinungsformen situiert wird und ebenfalls eine vollständige epistemische Abkoppelung, ein ‚epistemischer Ungehorsam' (Mignolo 2012) gegenüber ‚modernistischen', ‚westlichen' Denksystemen propagiert wird (Klapeer 2016, S. 133).

Ähnlich argumentiert auch Eduardo Gudynas, wobei er anmerkt, dass sich die verschiedenen Perspektiven innerhalb der Postdevelopment-Schule unterschiedlich stark mit der dekolonialen Theorie identifizieren bzw. sich auf diese beziehen (Gudynas 2013, S. 34). Manuela Boatcă verweist diesbezüglich auf Arturo Escobar, der sowohl am Modernity/Coloniality-Forschungsprojekt sowie an den ersten Treffen der Postdevelopment-Schule beteiligt war und beide theoretischen Sichtweisen zu einer *dekolonialen Perspektive auf Entwicklung* zusammenführt (Boatcă 2016, S. 120). Neben Arturo Escobar, als einem der wohl bekanntesten Vertreter, der beide Perspektiven untrennbar miteinander vereint, verbinden aber auch viele weitere Autor*innen Elemente beider Theorien und schaffen hierdurch wichtige Anknüpfungs- oder Anschlusspunkte für beide Seiten (Kothari et al. 2019, S. xxii f.; Gudynas 2011; Klein & Morreo 2019). So betrachtet beispielsweise der Gründer der GESCO-Forschungsgruppe (*Grupo de Estudios sobre Colonialidad*) Pablo Quintero in seinem Aufsatz *Entwicklung und Kolonialität* (Quintero 2013) den Begriff, Diskurs und die Praktiken von

Entwicklung mit Hilfe des Konzepts der Kolonialität der Macht und kommt hierbei zu sehr ähnlichen (oder identischen) Befunden wie die stärker diskurstheoretisch ausgerichteten Analysen von PD-Vertreter*innen. Quintero erachtet diesbezüglich speziell Quijano's Theorie der Kolonialität der Macht als den „Analyseschlüssel, der es erlaubt, die Schnittstelle zwischen Modernität und Kapitalismus sowie das aus dieser strukturellen Assoziation heraus entstandene Feld, auf welches sich *Entwicklung* in verschiedenen Formen stützt, sichtbar zu machen" (Quintero 2013, S. 95). Ähnlich verweisen auch Quijano (2016) sowie Tlostanova und Mignolo (2009) auf den Zusammenhang beider Theoriekonzepte, wobei auch sie die Modernität/Kolonialität als das der Entwicklungsideologie übergeordnete Konstrukt/Phänomen betrachten.

> ‚Development' is a companion concept to modernity. ‚Underdevelopment', however, is not the equivalent, in economic terms, to coloniality in historical and philosophical terms. Underdevelopment is what development proposes to overcome. In contrast, modernity does not propose to overcome coloniality, but rather ‚tradition', ‚barbarism', ‚fanatic religious belief', and the like. Coloniality is indeed the hidden weapon behind the rhetoric of modernity justifying all kinds of actions, including war, in order to eliminate ‚barbarism' and overcome ‚tradition'. Thus, coloniality is, like the unconscious, the hidden weapon of both the civilizing and developmental mission of modernity (Tlostanova & Mignolo 2009, S. 132 f.).

Eine an dieser Stelle möglicherweise hilfreiche Gegenüberstellung, die den Zusammenhang beider Theorieschulen noch etwas besser verdeutlichen könnte, sind die bereits erwähnten Dekolonisierungsprozesse (Tlostanova & Mignolo 2009), anhand derer die Moderne entsprechend in verschiedene Epochen/Zeitabschnitte unterteilt werden kann. Schlechter unterscheidet diesbezüglich, ähnlich wie Mignolo, zwischen verschiedenen Abschnitten der Moderne bzw. der Modernität und unterteilt diese in die drei aufeinanderfolgenden Phasen von 1492 bis 1650 als die erste, von 1650 bis 1945 als die zweite, sowie die dritte und noch andauernde Phase ab 1945 (Schlechter 2019). Somit könnte der M/C/D-Ansatz, der sich mit allen drei Phasen der Moderne auseinandersetzt und hierbei eine lateinamerikanische Perspektive einnimmt, in diesem Sinne als eine größere bzw. übergeordnete Theorie betrachtet werden, wohingegen sich der Postdevelopment-Ansatz vornehmlich auf die dritte Phase der Moderne fokussiert und dabei eine stärker westlich geprägte Sichtweise vertritt, ohne dabei allerdings die beiden vorhergehenden außer Acht zu lassen. Angesichts der ‚Tatsache', dass beide

Theorieschulen vornehmlich im globalen Süden angesiedelt sind bzw. viele ihrer Vertreter*innen aus Ländern des globalen Südens kommen oder dort leben, sie sich dabei auf unterschiedliche theoretische Grundlagen beziehen und dennoch so viele Parallelen und Gemeinsamkeiten in den jeweiligen Einsichten, Kritiken und Gegenentwürfen zu dem entwicklungs- und wachstumsverherrlichendem *modernen/kolonialen kapitalistischen Weltsystem* bzw. zu dem *Coloniality-Modernity-Development-Nexus* (Ziai 2017, S. 2554) aufweisen, scheint es m.E. gerechtfertigt und sinnvoll, diese gesammelt und ohne weiterführende Differenzierung auf die hiesige Thematik zu übertragen. Auch die vielen Überschneidungen beider Theorieschulen bei den jeweils herangezogenen Alternativen, die sie vornehmlich in sozialen Bewegungen sowie indigenen/lokalen Gemeinschaften verwirklicht sehen, scheinen diese Entscheidung zu bestärken. Gerade in etwas neueren Veröffentlichungen werden die Kritiken, Anliegen und Visionen beider Perspektiven zunehmend häufiger und ohne explizite Differenzierung zusammengeführt und/oder vereint gedacht (Klein & Morreo 2019; Kothari et al. 2019).

> Together, these perspectives compose a ‚pluriverse': a world where many worlds fit, as the Zapatistas of Chiapas put it. All people's worlds should co-exist with dignity and peace without being subjected to diminishment, exploitation and misery. A pluriversal world overcomes patriarchal attitudes, racism, casteism, and other forms of discrimination. Here, people relearn what it means to be a humble part of ‚nature', leaving behind narrow anthropocentric notions of progress based on economic growth (Kothari et al. 2019, S. xxviii).

An diesem Punkt scheint es, auch um den Begriff des Pluriversums genauer einzuführen, sinnvoll, die von Escobar sowie einigen anderen Vertreter*innen verwendete – auf John Law (2011) zurückgehende – Bezeichnung der *One-World World Ontologie* heranzuziehen. Konzise resümiert unterliegt sowohl das moderne/koloniale kapitalistische Weltsystem als auch das hierunterfallende Entwicklungsparadigma einer eurozentrischen, anthropozentrischen und radikal dualistischen Ontologie, innerhalb derer die eigene Weltsicht als die einzig wahre und daher universell gültige anerkannt wird. Zugleich besteht innerhalb dieser Weltsicht die Annahme, dass alle Menschen in einer einzigen Wirklichkeit – in einer Realität – leben, die für alle Menschen überall auf der Welt gleich wie diese eurozentrische Ontologie ist. Diese reduktionistische Vorstellung exportiert der globale Norden (durch Kolonialismus,

Imperialismus, Kapitalismus, Entwicklungspolitik und Demokratisierung) seit über 500 Jahren überaus ‚erfolgreich' in alle anderen Regionen der Welt und zwingt den dort lebenden Menschen diese Perspektive gewaltsam auf, zwingt sie dazu, die Welt sowie sich selbst aus den Augen ‚des Anderen' zu betrachten und zerstört deren eigene Perspektiven. Eine ontologische Kolonisierung der gesamten Welt durch eine einzig gültige Sichtweise – die *One-World World-Ontologie (OWW)* (Escobar 2015, 2016b; siehe Kap. 4.1 und 4.2).

> The OWW is based on a number of constitutive dualisms, such as nature/culture or humans/non-humans; mind/body; and so forth. Displacing the centrality of this ontology, while broadening the space for other ontologies, is a sine qua non for breaking away from the one world story [...]. The ‚pluriverse' is a way of looking at reality that contrasts with the OWW assumption that there is a single reality to which there correspond multiple cultures or subjective representations; it amounts to ‚a world where many worlds fit', as the Zapatista wisely puts it (Escobar 2015, S. 10).

Statt also im (epistemischen sowie geographischen) Zentrum der OWW-Ontologie zu verharren, bzw. weiterhin dabei zuzusehen, wie unsere Gesellschaften des globalen Nordens die restlichen bestehenden Welt(sicht)en verdrängen und zerstören und ein monokulturelles *Universum* errichten, ist es notwendig, das bereits mehrfach angedeutete *Pluri-versum* zu stärken, wiederaufleben zu lassen und der dominanten OWW-Ontologie entgegenzustellen, um eine Welt, in der viele Welten existieren können, (wieder) zu (er)schaffen. Wenn die OWW-Ontologie durch eine ontologische Kolonisierung der Welt ein Universum zu errichten versucht, so ist das Ziel einer Dekolonisierung unserer eigenen Denkweisen und Vorstellungen ebenso klar abgesteckt – die Dekolonisierung der OWW-Ontologie und ihrer Dualismen. Hierzu gehört, übertragen auf die vorliegende Thematik, auch eine Dekolonisierung der dominanten Vorstellungen von der Natur sowie unseres Verständnisses von der Natur-Mensch-Beziehung. „[We need] to recognize that humanity must reconnect with nature" (Kothari et al. 2014, S. 370).

4. Wege zur Dekolonisierung der Natur

Um einen möglichen Weg zur Dekolonisierung der Natur aufzeigen zu können, sollen zunächst die Kritiken beider Perspektiven an dem dominanten (eurozentrischen) Narrativ einer nachhaltigen Entwicklung sowie den diesbezüglich zugrundeliegenden Vorstellungen und Narrativen von Natur bzw. dem Verhältnis von Natur und Menschen angehört werden. Aufbauend auf diesen Kritiken und Einsichten soll sodann eine andere Perspektive auf die Natur, die Natur-Mensch-Beziehung sowie das Thema der Nachhaltigkeit eingeführt werden, bevor letztlich die Positionen, Verständnisse und Vorstellungen anhand einiger konkreterer Beispiele genauer betrachtet werden.

4.1 Kritik am westlichen Nachhaltigkeits- und Naturverständnis

Eines der aktuell wohl beliebtesten und zugleich auch meistgenutzten Narrative der Politik, Wissenschaft und Wirtschaft dürfte das der *nachhaltigen Entwicklung* – ergänzt durch das eines *grünen Wachstums* – sein, das bei genauerer Betrachtung allerdings nicht nur ähnlich inhaltsleer wie dessen Vorgängerversionen, sondern auch weiterhin derselben Logik zu unterstehen scheint (Gudynas 2013; Kallis 2015; Sachs 2010c, 2017; siehe Kap. 3.1). Neben dem Narrativ der nachhaltigen Entwicklung sind es darüber hinaus aber besonders auch die dieser Idee zugrundeliegenden Vorstellungen, Deutungsmuster bzw. Interpretationen davon, was (die) Natur ist, was wir (Menschen) sind und wie unsere Beziehung bzw. unser Verhältnis zur Natur (also das Natur-Mensch-Verhältnis) ist, die von Postdevelopment- und dekolonialen Vertreter*innen thematisiert und kritisiert werden (Alimonda 2019; Castillo Ospina & Masullo-Jiménez 2017; Escobar 1996, 1999, 2016b, 2018; Gudynas 2013; Kothari 2014; Kothari et al. 2019; Merchant 1989; Sachs 2010c, 2017; Santos et al. 2007; Shiva 2010, 2014; Vázquez 2012; Ziai 2017). Zugleich geht es aber nicht nur um die Naturzerstörung und die diesen Handlungen zugrundeliegende Vorstellung der Natur-Mensch-Beziehung, sondern ebenso um die hierdurch hervorgerufenen kulturellen und sozialen Folgen für indigene und lokale Gemeinschaften (Gallegos 2015). Ein, die nachfolgenden Kritiken pointiert zusammenfassender und zu Walter Mignolo's *The Darker Side of Western Modernity* (2011a) passender Titel hierfür könnte bspw. auch die Publikation des Oakland Institutes *The Darker Side of Green* (Lyons, Richards &

Westoby 2014) darstellen. Ausgehend von einer knappen Skizzierung des klassischen Nachhaltigkeitsbegriffs möchte ich die Kritiken am Narrativ einer nachhaltigen Entwicklung sowie die dieser Narration zugrundeliegenden Deutungsmuster und Vorstellungen über das Natur-Mensch-Verhältnis im Folgenden genauer betrachten.

Der Begriff der *Nachhaltigkeit* beschreibt in seiner klassischen Form ein ökonomisches Prinzip, das auf den Buchführer und Forstverwalter Hans Carl von Carlowitz zurückgeht, der diesen erstmals 1713 verwendete. Von Carlowitz ging es um eine beständige und dauerhafte Nutzbarkeit des forstwirtschaftlichen Waldes, weshalb seiner Ansicht nach nicht mehr Bäume gefällt werden sollten, als innerhalb desselben Zeitraums nachwachsen konnten. Etwas allgemeiner (und vereinfacht) ausgedrückt, meint der Begriff also, dass einem sich selbst regulierenden Kreislauf – bspw. einem Forst/Wald, einem Ökosystem oder der Natur im Gesamten – *maximal* so viele Bestandteile (‚Ressourcen') entnommen werden sollten, wie sich diese innerhalb desselben Zeitraums regenerieren können, damit der Kreislauf aufrechterhalten bleibt und die Ressourcen wiederum dauerhaft und in derselben Quantität nutzbar bleiben (Grober 2010, S. 18 ff.). Da dieses Prinzip einer nachhaltigen Nutzung ‚natürlicher Ressourcen' prinzipiell nur auf sich selbst regenerierende Entitäten der Natur übertragbar ist, zielt der Begriff hinsichtlich fossiler, oder genauer gesagt, sich sehr langsam regenerierender Ressourcen auf einen möglichst effizienten – sprich ressourcenschonenden – Umgang mit diesen. Der Schutz der Natur (oder Umwelt) selbst spielt in diesem Prinzip somit zunächst keine Rolle.

> Sustainability in this context does not involve recognition of the limits of nature and the necessity of adhering to them. Instead it simply means ensuring the continued supply of raw materials for industrial production, the ongoing flow of ever more commodities, the indefinite accumulation of capital (Shiva 2010, S. 240).

Aufbauend auf diesem Grundverständnis lassen sich zwei verschieden ‚starke' Positionen von Nachhaltigkeit unterscheiden. Die Differenz beider Positionen äußert sich vornehmlich durch die jeweilige Einstellung bezüglich der Idee einer möglichen Substituierbarkeit und Kompensierbarkeit von sog. Naturkapitalien – wie bspw. beim Verhältnis von Natur- und Sachkapitalien. Diese – ebenfalls aus der Ökonomie stammende – Logik beschreibt die Idee der wechselseitigen Ersetz- und Austauschbarkeit sog. nutzenstiftender Bestände, die zumeist in Sach-, Finanz-, Human-, Sozial-, Wissens- sowie in kultivierte und nicht-kultivierte Naturkapitalien unterteilt werden (Döring & Ott 2001; Ott 2016). Innerhalb eines schwachen Verständnisses wird davon ausgegangen, dass lediglich die Summe aller gegebenen Kapitalien auf einem komparativen Level konstant gehalten werden muss, wobei sie untereinander beliebig substituierbar sind. In der Theorie bedeutet dies folgendes:

> It is fine to drain a wetland here if another one is restored there; to cut down a forest here and replant one there; even, in the extreme, to replace all of nature with a technological substitute were that to become possible (Eisenstein 2019, S. 159).

Das Prinzip der Substituierbarkeit spricht hierdurch jeglicher Form der nicht-menschlichen Natur die grundsätzliche Möglichkeit eines Eigenwertes ab, wodurch ihr ein instrumenteller und stets ersetz- bzw. kompensierbarer Wert zukommt. Ein schwaches Nachhaltigkeitsverständnis entspricht in dessen Kern somit einer anthropozentrischen Ethik, da ausschließlich die Anliegen und Bedürfnisse von Menschen berücksichtigt werden (Döring & Ott 2001). Ein starkes Nachhaltigkeitsverständnis hingegen lehnt die Idee der Substituierbarkeit von Naturkapitalien untereinander sowie mit anderen Kapitalformen weitgehend ab, beschreibt deren Verhältnis als komplementär und fordert, Naturkapitalien so konstant und unabhängig wie möglich unter- und voneinander zu erhalten (Ott 2016). Dieses Prinzip entspricht also der Auffassung, dass die Natur in ihrer Daseinsform erhalten und geschützt/bewahrt werden sollte und nicht durch andere Güter bzw. Kapitalien ersetz- und/oder kompensierbar ist. Oder wie Vandana Shiva es mithilfe des bekannten Sprichwortes der First Nations aus Nordamerika eindringlicher zu formulieren versucht: „,Only when you have felled the last tree, caught the last fish and polluted the last river, will you realize that you can`t eat money.'" (Shiva 2010, S. 230).

Das erstgenannte Prinzip einer schwachen Nachhaltigkeit findet sich auch in der klassischen Definition einer *nachhaltigen Entwicklung* (WCED 1987) wieder (Döring & Ott 2001; Gudynas 2013), die sowohl als Grundlage für die *Rio Convention on Biological Diversity* (United Nations 1992) als auch in die hierauf aufbauenden 17 *Sustainable Development Goals* (United Nations 2015) herangezogen wurde. Fügt man der hinlänglich bekannten Definition des Brundtland-Berichts den zugehörigen – meist ausgesparten – restlichen Teil des Absatzes hinzu, wird zudem auch der Bezug zum klassischen Entwicklungsmantra etwas deutlicher:

> Sustainable development seeks to meet the needs and aspirations of the present without compromising the ability to meet those of the future. Far from requiring the cessation of economic growth, it recognizes that the problems of poverty and underdevelopment cannot be solved unless we have a new era of growth in which developing countries play a large role and reap large benefits (WCED 1987, S. 34).

Einerseits besteht weiterhin eine deutliche Orientierung an dem klassischen Ziel von Entwicklung: Wirtschaftswachstum. Andererseits scheint der Schutz der Natur nur insofern von Interesse, als dass die Bedürfnisse und Wünsche aller lebenden sowie zukünftig lebenden Menschen berücksichtigt werden sollen. Darüber hinaus führen die Autor*innen des Brundtland-Reports im Kapitel ‚Reviving Growth‘ – die Überschrift spricht bereits für sich – die in dem obigen Abschnitt genannten Probleme der ‚Armut‘ und ‚Unterentwicklung‘ als eine der Ursachen für eine nicht-nachhaltige Lebens- und Produktionsweise an und erklären im nächsten Schritt Wirtschaftswachstum zu dem Garanten, der (nun) beides (Armut/Unterentwicklung und Nicht-Nachhaltigkeit) überwinden könne (Escobar 1995; Gómez-Baggethun 2019).

> Poverty reduces people's capacity to use resources in a sustainable manner; it intensifies pressure on the environment. [...] A necessary but not a sufficient condition for the elimination of absolute poverty is a relatively rapid rise in per capita incomes in the Third World. It is therefore essential that the stagnant or declining growth trends of this decade [1980s] be reversed (WCED 1987, S. 41).

„The poor are now admonished for their ‚irrationality’ and their lack of environmental consciousness” (Escobar 1995, S. 195). Die neue Ära des Wachstums, die sich die Expert*innen hier herbeisehnen, solle somit sowohl zur Beseitigung von ‚Armut‘ und ‚Unterentwicklung‘ als auch als Motor für Nachhaltigkeit dienen (Gómez-Baggethun 2019; Kothari et al 2014; Kothari et al. 2019; Sachs 2010c, 2017). Das neue Narrativ lautet: „‚No development without sustainability; no sustainability without development’” (Sachs 2010c, S. 28). Der Wunsch nach Wachstum und Fortschritt wird mit der Notwendigkeit zur Nachhaltigkeit zusammengeführt und vermischt (Escobar 1996). „It is growth (i.e. capitalist market expansion), and not the environment, that has to be sustained” (Escobar 1996, S. 330).

> Finally, the definition closes with a conciliatory U-turn: sustainable development must be aimed at economic growth. Thus, the old contradistinction between growth and conservation, the environment and the economy,

disappears. It is once again argued that development implies economic growth, and the conservation of natural resources becomes a necessary condition for achieving it (Gudynas 2013, S. 21).

Ökonomisches Wachstum, als der Kern von Nicht-Nachhaltigkeit, wurde zu dem Prinzip erklärt, dass all diejenigen Probleme, die es verursachte, nun auch noch ‚lösen' solle. „The disease is then offered as a cure: growth will solve the problems of poverty and the environmental crisis it has given rise to in the first place" (Shiva 2014, S. 294). Wolfgang Sachs' Ansicht zufolge wurde das Konzept der nachhaltigen Entwicklung, dadurch dass ökonomisches Wachstum nicht nur als Allheilmittel für die Bearbeitung sozialer Missstände galt, sondern diese Vorstellung nun simultan auch auf die ökologische Dimension angewendet wurde, zu einem „[...] conceptual roof for both violating and healing the environment" (Sachs 2010c, S. 28).

Zwar waren sich die Expert*innen des Brundtland-Berichts der negativen ökologischen Auswirkungen von Wirtschaftswachstum und dem damit verbundenen Ressourcenverbrauch bewusst, doch sollten derlei Effekte durch technologische Effizienzsteigerungen, durch eine wissenschaftliche Überwachung der Natur und ihrer Kreisläufe sowie durch das politische Management natürlicher Ressourcen abgemildert, kontrolliert und gesteuert werden.

Governments should also reinforce the roles and capacities of environmental protection and resource management agencies. This is needed in many industrialized countries, but most urgently in developing countries, which will need assistance in strengthening their institutions. The UN Environment Programme (UNEP) should be strengthened as the principal source on environmental data, assessment, and reporting and as the principal advocate and agent for change and international cooperation on critical environment and natural resource protection issues (WCED 1987, S. 22).

Zugleich erscheinen diesbezüglich nun auch die Wissensweisen und Praktiken derjenigen indigenen und lokalen Gemeinschaften von gesondertem Interesse, die so isoliert leben, dass sie ‚noch nicht' von den Entwicklungsstrategien der letzten Jahrzehnte ergriffen wurden (WCED 1987, S. 17, 82).[15]

---

15 Der grundsätzlich sehr begrüßenswerte Vorstoß, dass andere und in diesem Falle indigene und lokale Gemeinschaften sowie deren Wissensweisen stärker berücksichtigt und wertgeschätzt werden sollten, findet sich sowohl im Brundtland-Report, der CBD als auch in der SDGs wieder. Wie die nachfolgenden Kritiken zeigen werden, scheint dies in der Praxis allerdings nur sehr selten der Fall zu sein.

> But some communities - so-called indigenous or tribal peoples – remain isolated because of such factors as physical barriers to communication or marked differences in social and cultural practices. […] The isolation of many such people has meant the preservation of a traditional way of life in close harmony with the natural environment. Their very survival has depended on their ecological awareness and adaptation. But their isolation has also meant that few of them have shared in national economic and social development; this may be reflected in their poor health, nutrition, and education (WCED 1987, S. 17).

Es gelte, dieses Wissen für den Naturschutz zu nutzen, wobei der Hinweis mangelnder Bildung zugleich zeigt, dass dieses nicht als fundiertes bzw. ‚wissenschaftliches' ‚Wissen' betrachtet wurde. Ziel war die bestmögliche ‚Verwertung' derjenigen Wissensweisen und Praktiken, die für ein möglichst effektives Management der natürlichen Ressourcen und der Biodiversität nützlich erschien (WCED 1987, S. 98; United Nations 1992, S. 8, 13 f.).

> Now the ‚value' given to the work of local communities has no material measure as in modern colonialism, but is measured in immaterial terms. Their work and their culture have value as long as they serve to produce ‚sustainable knowledge' (Castro-Gómez 2007, S. 443).

An dieser grundsätzlichen Auffassung von Nachhaltigkeit bzw. einer nachhaltigen Entwicklung scheint sich auch in den 2015 verabschiedeten *Sustainable Development Goals* (SDGs) (United Nations 2015), abgesehen von einigen Aspekten, nur wenig verändert zu haben. So wird zwar beispielsweise nicht mehr von ‚unterentwickelten', sondern von ‚weniger entwickelten' oder ‚sich-entwickelnden' Staaten und Regionen gesprochen, doch werden in der Präambel der SDGs nahezu dieselben Ziele aufgeführt, wie sie bereits von Truman 1949 formuliert wurden: Beseitigung von Armut und Hunger (People), Schaffung von allgemeinem Wohlstand für alle Menschen durch ökonomischen, sozialen und technologischen Fortschritt (Prosperity), Partnerschaftlichkeit (Partnership) und Frieden (Peace) zwischen den Nationalstaaten sowie neu hinzugekommen, der Schutz des Planeten (Planet) (United Nations 2015, S. 5 f.).

Da die Forderung, indigene/lokale Gemeinschaften sowie deren Wissensweisen und Praktiken als gleichwertig anzuerkennen, aber auch einen zentralen Teil dieses Beitrags und meiner damit verbundenen Intention darstellt, wird dieser Aspekt daher im nächsten Abschnitt (Kap. 4.2) nochmals ausführlicher aufgegriffen.

> We are determined to protect the planet from degradation, including through sustainable consumption and production, sustainably managing its natural resources and taking urgent action on climate change, so that it can support the needs of the present and future generations (United Nations 2015, S. 5).

Wie gewohnt sollen die ‚entwickelten Staaten' auch zukünftig ‚die Führung übernehmen' und sich zuvorderst um die Entwicklung der ‚armen und sich-entwickelnden' Gesellschaften kümmern (United Nations 2015, S. 12). Das Ziel scheint weiterhin dasselbe wie zu Beginn des Entwicklungsdiskurses. Die eigentlichen Ursachen und Zusammenhänge von sozialer Ungleichheit, Armut und Nicht-Nachhaltigkeit werden hingegen nicht oder nur unzureichend berücksichtigt. Zugleich werden ökonomisches Wachstum sowie die modernen Wissenschaften und Technologien weiterhin als Allheilmittel und Motoren von Entwicklung und Nachhaltigkeit dargestellt, die derlei Defizite bzw. ‚Rückstände' ausgleichen könnten (Kothari et al. 2019; Sachs 2017).

Was sich allerdings verändert hat, ist die Art und Weise, wie das Konzept einer nachhaltigen Entwicklung in den SDGs umworben und präsentiert wird. Die rasant abnehmende Biodiversität, der Klimawandel sowie die Zerstörung der Natur im Allgemeinen werden als zunehmende Bedrohungen beschrieben, die ‚ein Risiko für das Überleben vieler Gesellschaften und das der biologischen Unterstützungssysteme des Planeten darstellten' (United Nations 2015, S. 8). „We can be the first generation to succeed in ending poverty, just as we may be the last to have a chance of saving the planet. […] The future of humanity and of our planet lies in our hands" (United Nations 2015, S. 16). Statt aber das bisherige, auf Wachstum basierende Entwicklungsmodell zu überdenken oder gar aufzugeben und sich mit ernstzunehmenden Alternativen auseinanderzusetzen, wurde genau dasjenige Kernprinzip, das maßgeblich zur Zerstörung der Natur führte, beibehalten und in einer neuaufgesetzten Form zu demjenigen erklärt, das all jene Probleme beseitigen oder lösen könne (und solle). Die klassische Erzählung von ‚Fortschritt durch Wachstum' wird mehr und mehr durch das Narrativ ‚Überleben durch Wachstum' modifiziert (Sachs 2017; Ziai 2017).

> The framing has always been on making economic growth and development ‚sustainable and inclusive' through appropriate technologies, markets, and institutional policy reform. The problem is that this mantra of sustainability was swallowed up by capitalism early on, and then emptied of ecological

> content. […] So, economic ‚growth' was redefined as a necessary step (Kothari et al. 2019, S. xxv).

Der Idee von grünem/qualitativem/nachhaltigem Wachstum liegt die Vorstellung (bzw. Hoffnung) zugrunde, dass das Wirtschaftswachstum von sämtlichen negativen ökologischen Folgen (nahezu oder vollständig) entkoppelt werden könne und müsse (Gómez-Baggethun 2019; Kothari et al. 2014; Sachs 2017). Nach dieser Ansicht bedürfe es lediglich einiger Modifikationen des derzeitigen Wirtschaftssystems, um Wachstum von den negativen ökologischen Folgeerscheinungen zu entkoppeln und dennoch weiteres nachhaltiges bzw. grünes Wirtschaftswachstum befördern zu können (Escobar 1995, S. 197). Diesbezüglich greifen einige der Autor*innen (Kothari et al. 2014; Kothari et al. 2019) auf die treffende Kritik des Degrowth-Vertreters Giorgios Kallis zurück, der diese Vorstellung konzise zusammenfasst:

> Sustainable development and its more recent reincarnation ‚green growth' depoliticize genuine political antagonisms between alternative visions for the future. They render environmental problems technical, promising win-win solutions and the impossible goal of perpetuating economic growth without harming the environment (Kallis 2015).

Prinzipiell scheint es beim Diskurs über eine *nachhaltige Entwicklung* somit weniger um die offen gestellte Frage zu gehen, wie wir unsere Lebensweise(n) so gestalten können, dass alle Menschen (und nichtmenschlichen Lebewesen) dauerhaft ein gutes und selbstbestimmtes Leben innerhalb der uns Allen zur Verfügung stehenden planetaren Grenzen führen können. Der aktuell dominante Diskurs – bzw. der gesamte bisherige Diskurs – scheint in die genau entgegengesetzte Richtung zu tendieren und sich an der Frage zu orientieren, was an dem bestehenden System (zwingend) geändert bzw. (noch) effizienter gestaltet werden muss und welche Technologien dazu beitragen, es so lange wie möglich in seiner aktuellen Form aufrechterhalten zu können. Uns Menschen (des globalen Nordens) geht es scheinbar weniger um den Schutz der Natur oder eine Transformation unserer destruktiven Lebensweise(n), sondern darum, unsere auf Wachstum und Naturzerstörung basierende(n) Produktions- und Lebensweise(n) gerade so effizient und nachhaltig zu gestalten, dass wir den jetzigen Standard noch möglichst lange unverändert beibehalten können (Escobar 1996, S. 329, 2018, S. 43; Sachs 2010c, S. 34 f.). Das derzeitige Ziel scheint somit nicht, der Ausbeutung und Zerstörung der Natur ein Ende zu bereiten (oder diese auf ein Minimum reduzieren), sondern die bestehenden Strukturen bis zu dem für die Natur maximal verträglichen Limit auszureizen und sie dabei zugleich so effizient wie möglich zu gestalten (Sachs 2010c, S. 34). Kurz gesagt: „In keeping with the priority placed on economic concerns, the required change of the relationship between human societies and nature was sacrificed [...]" (Castillo Ospina & Masullo-Jiménez 2017, S. 106). Um die von Castillo Ospina und Masullo-Jiménez angedeutete Kritik an der westlichen bzw. eurozentrischen Vorstellung der Natur-Mensch-Beziehung aufzeigen zu können, sollen einige der Deutungsmuster, Interpretationen und Narrative über die Natur, die unsere Vorstellung(en) über das Verhältnis zwischen Mensch und Natur und damit auch unser Handeln gegenüber nichtmenschlichen Entitäten (in der Natur) beeinflussen, genauer betrachtet werden. Durch eine kritische Würdigung der Vorstellungen, die jenen Deutungsmustern und Narrativen zugrunde liegen, wird es möglich, eine andere Lesart – eine andere Perspektive – von Nachhaltigkeit und der Natur-Mensch-Beziehung zu entwickeln.

Die dominanten ontologischen Annahmen, Deutungsmuster und hierauf beruhenden Narrative über die Natur gründen nach Ansicht der Vertreter*innen von Postdevelopment sowie der dekolonialen Theorie auf einer anthropozentrischen Weltsicht, die ebenfalls in der europäischen Philosophie und Wissenschaft wurzele und Mensch und Natur als zwei voneinander getrennte und hierarchisch strukturierte Bereiche beschreibe (Alimonda 2019, S. 130 f.; Brunner 2020; Escobar 2016b, 2018; Kothari et al. 2019; Inoue & Moreira 2016; Merchant 1989; Plumwood 2002; Shiva 2010, 2014). „[...] Modernity expresses a particular type of ontology – a way of being in and understanding the world – that clearly separates society from Nature and subordinates the latter in a hierarchy that allows it to be manipulated and destroyed" (Gudynas 2013, S. 34 f.). Die von Gudynas hier skizzierte Ontologie wird von Arturo Escobar auch als eine OWW-Ontologie bezeichnet – eine Welt, in der nur eine soziale Wirklichkeit bzw. eine dominante Interpretation der Welt zulässig sei.

> Ontologically speaking, one may say that the crisis is the crisis of a particular world or set of world-making practices, the world that we usually refer to as the dominant form of Euro-modernity (capitalist, rationalist, liberal, secular, patriarchal, white, or what have you). Adopting John Law's (2011) compact formulation, we will refer to this world as the One-World World (OWW), that is, a world allegedly made up of a single Word, and that has arrogated for itself the right to be ,the' world, subjecting all other worlds to

> its own terms or, worse, to non-existence; this is a World where only a world fits (Escobar 2016b, S. 15).

Aufbauend auf dieser OWW-Ontologie sowie dem damit verbundenen Natur-Mensch-Dualismus – eines der Kernelemente der Logik und Rhetorik der Modernität/Kolonialität, das mit der Ideologie von Rassismus und Sexismus eng verschränkt ist bzw. als deren Basis fungiert – verstanden wir die Natur nicht mehr als unsere *Mit-Welt* bzw. uns selbst nicht mehr als Teil der Natur, sondern erklärten sie zu unserer *Um-Welt*, stellten uns über sie und begannen, alle Lebewesen und Dinge (in) der Natur nur noch als *‚natürliche Ressourcen'* zu betrachten und sie entsprechend zu behandeln.

Die ursprüngliche Konnotation des Begriffs *Ressource* (lateinisch resugere für *wieder-auferstehen* bzw. *sich-wiedererheben,* auch übersetzbar mit: *wiederkehrende Quelle*) beinhaltete die Idee bzw. Vorstellung einer nicht versiegenden Quelle von Etwas, das immer wieder komme und daher fortlaufend abgeschöpft/genutzt werden könne. Natürliche Entitäten bzw. Ressourcen wurden dabei als Gaben oder Geschenke der Natur betrachtet, die die Menschen ernährten und mit denen sie entsprechend sorgfältig umgingen, sich im Gegenzug bei der Natur (für ihre Fruchtbarkeit oder ihre Geschenke) bedankten und diese ‚Quellen' darüber hinaus häufig entsprechend pflegten (Merchant 1989; Shiva 2010). Dieser Idee unterlag die Vorstellung einer lebendigen/organischen Natur, die auf das Handeln der Menschen reagierte. Die Natur wurde dabei in nahezu allen Kulturen mit Femininität und Weiblichkeit assoziiert oder als ein weibliches Geschöpf bzw. als ein weiblicher Organismus – als Mutter (Natur), Terra Mater, Great Mother, Pachamama, Gaia, Qi – personifiziert (Merchant 1989; Mignolo 2018; Shiva 2010, 2014). Die Idee einer weiblichen Natur beruhte dabei sehr häufig auf zwei verschiedenen Eigenschaften, die dieser zugeschrieben wurden. Einerseits galt die Natur, indem sie Wasser, Nahrung sowie Gebrauchsgüter etc. bereitstellte als Ernährerin und Versorgerin der Menschen – es bestand also ein (einseitiges) Abhängigkeitsverhältnis zwischen Mensch und Natur. Andererseits wurde die Natur, mitunter bedingt durch die dort wirkenden Kräfte aber auch als wild, ungeordnet, unkontrollierbar und mächtig betrachtet. Das Verständnis von Natur als ein lebender (weiblicher) Organismus beinhaltete zugleich die Idee eines engen Verhältnisses aller einzelnen Bestandteile (Organe), die diesen Organismus insgesamt bilden. Die Menschen verstanden sich somit als abhängig von der Natur und zugleich eng mit ihr verbunden, was wiederum das

Handeln und Verhalten der Menschen entsprechend beeinflusste (Escobar 2018, S. 10; Merchant 1989; Shiva 2010, 2014; Walsh 2018).

> The image of the earth as a living organism and nurturing other had served as a cultural constraint restricting the actions of human beings. One does not readily slay a mother, dig into her entrails for gold or mutilate her body, although commercial mining would soon require that. As long as the earth was considered to be alive and sensitive, it could be considered a breach of human ethical behaviour to carry out destructive acts against it (Merchant 1989, S. 3).

Die unzähligen verschiedenen Naturvorstellungen bzw. Kosmologien – also kollektiv geteilte Deutungsmuster über die Natur/Welt bzw. das Universum – variierten zwar in Einzelheiten zwischen verschiedenen lokalen Gemeinschaften, besaßen bzw. besitzen aber gerade hinsichtlich der Vorstellungen zum Verhältnis von Mensch und Natur viele Parallelen, da Mensch und Natur vornehmlich als zwei integrale und nicht separate Dimensionen gedacht wurden/werden (Alimonda 2019, S. 136 f.; Escobar 1998, 1999, S. 8, 2016; Inoue & Moreira 2016, S. 15; Merchant 1989; Mignolo 2011a; Shiva 2010, 2014; Vázquez 2012). Diese Struktur von unzähligen verschiedenen sozialen Totalitäten bzw. nebeneinander bestehenden (sich aber stets in vielen Vorstellungen gleichenden) Ontologien/Kosmologien unterschiedlicher lokaler und indigener Gemeinschaften deutet in Richtung dessen, was das Sprichwort der Zapatistas ‚A world in which many worlds can exist' vermitteln soll. Escobar bezeichnet derlei verschiedene Kosmologien bzw. Interpretationen über die Natur/Welt, angelehnt an Foucault, als ‚regimes of nature'. Verschiedene Gesellschaften, lokale Gemeinschaften oder einzelne Akteur*innen vertreten demnach unterschiedliche Sichtweisen (Regime) auf die Natur/Welt und artikulieren ihre jeweiligen Perspektiven und Vorstellungen auf divergente Art und Weise. Diese unterschiedlichen Konstruktionen und Interpretationen konstituieren wiederum die soziale Wirklichkeit bzw. die soziale Totalität innerhalb einer Gemeinschaft und beeinflussen dadurch die Handlungsweisen in der Natur bzw. gegenüber nicht-menschlichen Entitäten in der Natur (Escobar 1999, S. 5).

All jene, sich zu großen Teilen bis in die Renaissance erhaltenden animistischen Natur- bzw. Weltbilder einer lebendigen und sensitiven Natur – Regime einer organischen Natur (Escobar 1999, S. 7 ff.; Alimonda 2019, S. 136) – erfüllten somit jeweils auch eine normative Funktion innerhalb einer Gesellschaft, indem – zusammen mit diesen

Deutungsmustern – subtile ethische Handlungsregeln, wie sich die Menschen gegenüber der Natur bzw. gegenüber (lebenden, nicht-lebenden und übernatürlichen) nichtmenschlichen Entitäten zu verhalten hätten, vermittelt wurden (Merchant 1989; Shiva 2010).

„With the advent of industrialism and colonialism, however, a conceptual break occurred" (Shiva 2010, S. 228). Um den massiven Bedarf an Ressourcen, die für den Auf- und Ausbau der europäischen Kolonialmächte sowie den Aufbau der Kolonien benötigt wurden, akquirieren zu können, mussten immer neue Regionen sowie die dort befindlichen Ressourcen kolonisiert und ausgebeutet werden (Domínguez & Luoma 2020). Durch die sich im Zuge der Kolonialisierung und späteren Industrialisierung etablierenden kapitalistischen Strukturen und Formen der Ausbeutung von Mensch und Natur sowie zugleich auch durch die technologisch-wissenschaftliche Revolution und das aufklärerische/rationalistische Denken wurden diese Vorstellung einer lebenden Natur als Mutter Erde zunehmend häufiger problematisiert (Merchant 1989; Shiva 2010).

> While the organic framework was for many centuries sufficiently integrative to override commercial development and technological innovation, the acceleration of such changes throughout western Europe during the sixteenth and seventeenth centuries began to undermine the organic unity of the cosmos and society. Because the needs and purposes of society as a whole were changing with the commercial revolution, the values associated with the organic view of nature were no longer applicable; hence the plausibility of the conceptual framework itself was slowly, but continuously, being threatened (Merchant 1989, S. 4).

Wie bereits im Abschnitt zur Kolonialität der Macht und der Achse des Rassismus erläutert (siehe Kap. 3.1), wurden die in der ‚Neuen Welt' lebenden indigenen Gemeinschaften nicht als Menschen, sondern als Teil der Natur betrachtet. „The decimation of indigenous peoples everywhere was morally justified on the grounds that they were not really human; they were part of the fauna" (Shiva 2014, S. 292). Grundlage für eine solche Perspektive ist dabei einerseits die notwendige und vorausgehende Teilung/Differenzierung zwischen Mensch und Natur in zwei separate Dimensionen, ohne die eine solche Klassifikation nicht möglich wäre. Um die in den Amerikas, Afrika, Australien und Asien lebenden Menschen als ‚Wilde', ‚Primitive', und ‚Barbaren' (als sich selbst untergeordnet) betrachten und behandeln zu können, musste andererseits zugleich auch die Natur selbst dem Menschen untergeordnet und ebenso als ‚wild, primitiv und ungeordnet/unzivilisiert/unkultiviert‘ verstanden werden (Brunner 2020; Merchant 1989; Plumwood 2002; Shiva 2014). Diese Idee scheint die (Ausgangs-)Basis für Speziesismus, Rassismus und Sexismus (Gallegos 2015, S. 36). „Imperial discovery always supposes the production of mechanisms that interiorise and subordinate the discovered in order to colonise and exploit it, whether it is the Orient, the savages, or the tropical environment" (Alimonda 2019, S. 130 f.).

> Although only in an allusive way, it is pertinent to point out that one of the foundational elements of the Eurocentred Coloniality/Modernity is the new and radical Cartesian dualism that separates ‚reason' from ‚nature'. Hence, one of the most characteristic ideas/images of eurocentrism in any of its expressions is the ‚exploitation of nature' as something that does not require any further justification, expressed properly in the productivist ethic originated in the ‚industrial revolution'. It is not difficult at all to perceive the inherent presence of the idea of ‚race' as part of ‚nature' – as an explanation and justification for the exploitation of ‚inferior races'. […] [T]he protection of this metaphysical mystification of human relations with the rest of the universe […], lead the [human] species to impose its exploitative hegemony on all other species of animals as well as a predatory conduct over all other existing elements of the planet (Quijano 2016, S. 17 f.).

Da die ausbeuterischen und zerstörerischen Handlungsweisen der Kolonisatoren immer weniger bzw. nicht mehr mit den Deutungsschemata einer lebenden und nährenden Natur/Welt übereinstimmten, oder innerhalb einer solchen Perspektive immer schlechter sinnvoll begründet und moralisch legitimiert werden konnten, wurde die animistische Sicht auf die Welt bzw. das Regime einer organischen Natur (Escobar 1999) schließlich durch ein zu diesen Handlungsstrukturen passendes Regime der Natur abgelöst. „[T]he image of an organic cosmos with a living female earth at its center gave way to a mechanistic world view in which nature was reconstructed as dead and passive, to be dominated and controlled by humans" (Merchant 1989, S. xvi). Die Natur wurde speziell in den aufkommenden wissenschaftlichen Disziplinen zunehmend als mechanisch und physikalisch verstehbar betrachtet. Die Vorstellung einer lebenden und nährenden Mutter Natur verschwand und der Respekt vor einer ungeordneten und wilden Natur wandelte sich in ein Begehren, sie zu ordnen und zu unterwerfen – zu kolonisieren und zu beherrschen (Merchant 1989; Mignolo 2011a; Plumwood 2002; Santos et al. 2007). „[…] [N]ature as disorder, called forth an important modern idea, that of power over nature. Two new ideas, those of mechanism and of the domination and mastery of nature, became core concepts of the modern world" (Merchant 1989, S. 2).

Neben Descartes – als dem (Mit-)Begründer des radikalen Natur-Mensch-Dualismus und damit der modernen Wissenschaften, der Tiere bspw. als Maschinen betrachtete, als solche beschrieb und sie – Erzählungen nach – auch entsprechend behandelte, trug besonders Francis Bacon, als (Mit-)Begründer der modernen Naturwissenschaften, maßgeblich zur Institutionalisierung einer mechanistischen Perspektive auf die Natur als tote und von Menschen beherrschbare Materie bei (Brunner 2020, S. 73; Dussel 2000, S. 470; Gallegos 2015; Merchant 1989; Mignolo 2011a; Plumwood 2002; Shiva 2010, S. 231 ff., 2014, S. 292; Walsh 2018, S. 65). „Nature, for Francis Bacon, was out there, separated from him—something to be dominated and exploited" (Mignolo 2018, S. 163).

> In the mechanical world, order was redefined to mean the predictable behaviour of each part within a rationally determined system of laws, while power derived from active and immediate intervention in a secularized world. Order and power together constituted control (Merchant 1989, S. 193).

Diese Vorstellung lässt sich bspw. ebenso in Max Webers *Wissenschaft als Beruf* wiederfinden, das als ein weiteres Beispiel betrachtet werden kann, dass eine eurozentrische, reduktionistische und auf Bacon gründende (Weber 1919, S. 491) Perspektive auf die Natur (Alimonda 2019) sowie die sog. ‚Wilden' par excellence zusammenfasst:

> Die zunehmende Intellektualisierung und Rationalisierung bedeutet also nicht eine zunehmende allgemeine Kenntnis der Lebensbedingungen, unter denen man steht. Sondern sie bedeutet etwas anderes: das Wissen davon oder den Glauben daran: daß man, wenn man nur wollte, es jederzeit erfahren könnte, daß es also prinzipiell keine geheimnisvollen unberechenbaren Mächte gebe, die da hineinspielen, daß man vielmehr alle Dinge – im Prinzip – durch Berechnen beherrschen könne. Das aber bedeutet: die Entzauberung der Welt. Nicht mehr, wie der Wilde, für den es solche Mächte gab, muss man zu magischen Mitteln greifen, um die Geister zu beherrschen oder zu erbitten. Sondern technische Mittel und Berechnung leisten das. Dies vor allem bedeutet die Intellektualisierung als solche (Weber 1919, S. 488).

Dieses durch die wissenschaftliche Revolution geförderte neue ‚rationale' Bild der Natur, das die Welt nach Webers Worten sprichwörtlich entzauberte, gründet dabei auf jener universalistischen, evolutionistischen und dualistischen Weltsicht, wie sie in der Logik, Rhetorik und Praxis der Modernität/Kolonialität (Repräsentation und Aneignung) und auch im Entwicklungsdiskurs wiederzufinden ist (Alimonda 2019; Escobar 1999; Gallegos 2015; Gudynas 2013; Mignolo 2018; Quijano 2016; Santos et al. 2007; Schlechter 2019; Vázquez 2012; Walsh 2018).

> The removal of animistic, organic assumptions about the cosmos constituted the death of nature – the most far-reaching effect of the Scientific Revolution. Because nature was now viewed as a system of dead, inert particles moved by external, rather than inherent forces, the mechanical framework itself could legitimate the manipulation of nature. Moreover, as a conceptual framework, the mechanical order had associated with it a framework of values based on power, fully compatible with the directions taken by commercial capitalism (Merchant 1989, S. 193).

Die Transformation bzw. Re-Konstituierung der organischen Natur – von einer untrennbar mit uns verbundenen *Mit-Welt*, von der wir Menschen abhängig sind und die uns ernährt – in eine von uns losgelöste, tote und mechanische, kommodifizierbare und kapitalisierbare *Um-Welt*, die bis in das kleinste Detail zerlegt, beobachtet, beschrieben, sich angeeignet, beherrscht und ausgebeutet werden könne, führte somit zu nichts weniger als dem *(symbolischen) Tod der Natur* (Escobar 1996, S. 331; Merchant 1989; Mignolo 2011a). Wir erklärten die Natur zu einer durch Berechnung beherrschbaren, leblosen, passiven und statischen *Um-Welt*, zu einem Warenlager voller Ressourcen, das darauf wartet, von uns Menschen beherrscht und ausgebeutet zu werden.

> The development of ecological consciousness that accompanied the rapid growth of industrial civilization also effected the transformation of ‚nature' into ‚environment'. No longer does nature denote an entity with its own agency, a source of life and discourse; for those committed to the world as resource, the environment becomes an indispensable construct. [...] Along with the physical deterioration, we are witnessing its symbolic death (Escobar 1995, S. 196).

Indem wir die Natur zunehmend als Umwelt begriffen und die Entitäten in der Natur (sowie auch Menschen) als ‚Ressourcen' betrachteten, erschien die Natur dadurch zugleich auch als statisch und passiv (Merchant 1989, S. 193; Plumwood 2002, S. 15; Sachs 2010c, S. 33 f.; Shiva 2010). Die Natur war wie ein Lager voller ‚natürlicher Ressourcen', die darauf wartete, entwickelt, in Waren transformiert und in das kapitalistische Wirtschaftssystem integriert zu werden, um dem menschlichen Fortschritt zu dienen.

> ‚Natural resources' became those parts of nature which were required as inputs for industrial production and colonial trade. [...] In this view, nature has been clearly stripped of her creative power; she has turned into a container for raw materials waiting to be transformed into inputs for commodity production. Resources are now merely ‚any material or conditions existing in nature which may be capable of economic exploitation'. [...] Nature, whose real nature it is to rise again, was transformed by this originally Western world-view into dead and manipulable matter. Its capacity to renew and grow had been denied. It became dependent on people. [...] The white man's ‚civilizing' burden was thus an essential part of developing natural resources, and making them available for commercial exploitation (Shiva 2010, S. 228 f.).

Zusammen mit der mechanistischen Vorstellung von Natur, in der alle darin vorkommenden Entitäten, sofern sie für den menschlichen Gebrauch von Interesse bzw. Nutzen schienen, als Ressourcen betrachtet wurden, erfolgte somit zugleich auch deren Kommodifizierung und Kapitalisierung. „Many aspects of life became increasingly economized, including human biology, the nonhuman natural world, relations among people, and relations between people and nature. The languages of everyday life became entirely pervaded by the discourses of production and the market" (Escobar 1995, S. 60).

Einhergehend mit dieser Vorstellung von Natur, die einerseits auf physikalisch-mechanistischen und andererseits auf ökonomisch-kapitalistischen Grundannahmen und Interpretationsmustern basiert(e), gestalte(te)n sich folglich auch die normativen Handlungsregeln, wie die Menschen sich gegenüber der Natur zu verhalten haben/hatten (Merchant 1989; Shiva 2010, 2014). „The conceptual severance of human subject from the natural world, seen as mechanistic, material, and non-agential generates and is perpetuated by an ethic that is objectifying and exploitative" (Gallegos 2015, S. 36). Es bestand keine Notwendigkeit mehr, das eigene ausbeuterische und zerstörerische Handeln in der Natur bzw. gegenüber nicht-menschlichen Entitäten (sowie indigenen Gemeinschaften, die als Teil der Natur betrachtet wurden) moralisch auf irgendeine Art und Weise zu rechtfertigen (Quijano 2016, S. 17 f.). „All ethical aspects of relating to nature are destroyed and the relationship is reduced to merely commercial concerns" (Shiva 2010, S. 234).

Wie Vandana Shiva (2010) oder auch Lara Domínguez und Colin Luoma (2020, S. 3) deutlich machen, kann die Ausbeutung der Natur, wie sie sowohl in den Kolonien als auch in Europa stattfand und weiterhin stattfindet, dabei in zwei aufeinanderfolgenden Phasen beschrieben werden. „In the first phase, when nature's wealth was considered abundant and freely available, ‚resources' were exploited rapaciously. They were not husbanded" (Shiva 2010, S. 229). Zunächst ging dies mit einer massiven Ausbeutung der Natur sowie der sog. ‚Kultivierung' oder ‚Urbarmachung' dieser einher. Um Plantagen (heute großflächige Monokulturen) anlegen zu können, wurden Wälder gefällt, Hügel eingeebnet, Moore, Sümpfe und Mangrovenwälder trockengelegt und Flüsse verlegt oder neue Kanäle angelegt – der Panamakanal spaltete die Landfläche von Nord- und Südamerika. „Over the course of five centuries entire ecosystems were levelled by the introduction of monocultures for export" (Alimonda 2019, S. 103). Einhergehend mit der Transformation der Natur in eine industriell kultivierbare Umwelt, wurde Zweitere in Parzellen aufgeteilt/privatisiert und dort lebende indigene Gemeinschaften sowie Tiere gewaltsam vertrieben, oder für die Bewirtschaftung versklavt. Die gesamte vorgefundene Natur sowie die dort lebenden Menschen und Tiere wurden kolonisiert, kultiviert/zivilisiert und den eigenen Vorstellungen und Bedürfnissen entsprechend umstrukturiert, entwickelt und ausgebeutet (Alimonda 2019; Domínguez & Luoma 2020; Plumwood 2002). Die unberührte und wilde Natur – die Neue(n) Welt(en) –, also Land, das nicht entsprechend der Vorstellung der Kolonisten kultiviert wurde, war *no-one´s-land*, es gehörte niemandem. Wie beispielsweise bei John Locke´s Konzeption wurde Land erst zu Eigentum, indem es durch menschliche Arbeit von wilder Natur, in kultiviertes Land transformiert wurde (Plumwood 2002, S. 23). Und da indigene Gemeinschaften als Wilde und nicht als Menschen betrachtet wurden, waren sie keine handelnden Akteure, die Land kultivierten – sie waren ein passiver Teil der Natur bzw. Teil der Fauna (Brunner 2020; Merchant 1989; Plumwood 2002; Shiva 2014).

> The colonised and their ‚disorderly' space is available for use, without limit, and the assimilating project of the coloniser is to remake the colonised and their space in the image of the coloniser's own self-space, their own culture or land, which is represented as the paradigm of reason, beauty and order (Plumwood 2002, S. 14).

Die Unfähigkeit oder Verweigerung der Kolonisten, sich der anderen Flora und Fauna anzupassen – diese wurde vielmehr den Kolonisten angepasst – sowie die Ausschließung bzw. Zerstörung indigener/lokaler Wissensweisen und Praktiken, die für den Erhalt und die Funktion der Ökosysteme Sorge trugen, hatte massive Auswirkungen auf die dortige Natur (Plumwood 2002). Infolge dieser massiven Eingriffe wurden die Grenzen der Kreisläufe/Ökosysteme überschritten und die Natur war immer weniger im Stande, sich selbst regenerieren und die Menschen nähren zu können (Shiva 2010, S. 234). Die sog. Urwälder verschwanden, Wasserquellen, Seen und Flüsse trockneten aus, Böden verloren ihre Fruchtbarkeit und die Luft, Böden und Gewässer wurden zunehmend verschmutzt. „Only upon the realisation that their activities were causing rapid environmental degradation did colonisers begin to concern themselves with nature conservation" (Domínguez & Luoma 2020, S. 5). Da die zunehmende Naturzerstörung und die schwindenden Ressourcenvorkommen infolge der ersten Phase zugleich auch das zukünftige Wirtschaftswachstum und damit die Entwicklung der Kolonialmächte bzw. späteren Industriestaaten des globalen Nordens bedrohten, mussten in der zweiten Phase der Bestand und Verbrauch der übrigen Ressourcen (in den Kolonien sowie auch in Europa) überwacht und rational – nachhaltig – verwaltet werden (Plumwood 2002; Shiva 2010, 2014).

> In the second phase, once exploitation had created degradation and scarcity, the ‚management' of ‚natural resources' became important in order to maintain continued supplies of raw material for commerce and industry. [...] ‚Management of natural resources' has therefore been a managerial fix for resource scarcity resulting from the uncontrolled destruction of nature (Shiva 2010, S. 229).

Was Vandana Shiva als Ressourcenmanagement beschreibt, umfasst(e) in der Praxis zumeist wissenschaftliche/politische/wirtschaftliche Interventionen in bestimmte Ökosysteme oder Naturregionen, die im Namen der Nachhaltigkeit und des Natur- und Ressourcenschutzes überwiegend ab Beginn des 19. Jahrhunderts und noch heute erfolg(t)en (Escobar 1995, S. 198; Sachs 2010c, S. 32; Shiva 2010).

> Colonial powers then sought to remedy the ecological damage caused by their overexploitation through conservation models premised on removing indigenous peoples from their ancestral lands. The common thread that runs through all of these principles is the need to exploit natural resources for the benefit of the coloniser and dispossess indigenous peoples of their territories, a process with parallels to modern conservation practices (Domínguez & Luoma 2020, S. 3).

Die für den Naturschutz ausgewählten Gebiete waren bzw. sind allerdings nur selten diejenigen Territorien, die bereits kolonisiert, kultiviert und ausgebeutet wurden. Da in diesen Gebieten die ursprüngliche Flora und Fauna bereits zerstört ist, werden folglich immer neue – bevorzugt Gebiete mit einer hohen Biodiversität oder seltenen Arten – zu wissenschaftlich überwachten, abgeriegelten und durch bewaffnete Ranger geschützten Naturschutzreservaten ausgewiesen, was wiederum mit einer Intensivierung gewaltsamer Vertreibungen, Umsiedlungen und Ausgrenzungen indigener und lokal angesiedelter Gemeinschaften einhergeht.

> The transmutation of nature into a resource goes hand in hand with alienating the ancient rights of people to nature as a source of sustenance. When forests, land, water or plants are ‚developed' or ‚scientifically managed' in order to supply industrial inputs, they are appropriated from communities whose lives and livelihoods they have supported for centuries (Shiva 2010, S. 236 f.).

Die lokalen und indigenen Gemeinschaften, die in den von diesen Interventionsmaßnahmen betroffenen Regionen leben, werden von den errichteten Naturschutzprojekten meist ausgeschlossen, wobei ihnen in der Regel auch im Anschluss der Zugang zu jenen Regionen sowie zu den dort befindlichen Ressourcen verwehrt bleibt (Domínguez & Luoma 2020; Escobar 1995, S. 200, 1996; Shiva 2010; Whyte 2017).

> Yet the ideology that emerged was that nature was something that should be first exploited, then preserved, but all without the input, involvement or participation of indigenous populations. Instead of coming to grips with the environmental toll brought about by their own exploitative behaviour, colonial powers, and later, successor States consistently blamed local indigenous communities for environmental degradation. [...] As a result, colonial conservation practices dictated that indigenous peoples be removed from their natural environments (Domínguez & Luoma 2020, S. 5).

Diese Formen der Aneignung von Natur, Land und Ressourcen (Landgrabbing) im Namen von Naturschutz gingen und gehen sowohl mit einer Intensivierung, Reproduktion und Ausweitung kolonialer/imperialer Herrschafts- und Machtstrukturen (Escobar 1995; Sachs, 2010c; Shiva 2010, 2014; Whyte 2017; Whyte & Cuomo 2017) als auch mit Formen direkter und struktureller Gewalt gegenüber lokalen und indigen Gemeinschaften einher.

> Green development, including the expanding plantation forestry and carbon markets [...], is associated with *direct* forms of violence and intimidation, including forced evictions, destruction of crops, and pollution of lakes with agrochemicals [...]. A striking feature of the expanding plantation forestry and carbon markets is their link to *structural* violence that is tied to local histories, as well as the social and political relationships in which commodities (including timber and carbon) are produced and traded. [...] While the displacement of local and Indigenous peoples is nothing new, this ‚financialization' of forestry, food, and farming signifies a new era of land acquisition, driven by the interests of capital accumulation (Lyons et al. 2014, S. 7).

Diese systematische Aneignung von Land und gewaltsame Vertreibung indigener/lokaler Gemeinschaften im Namen der Nachhaltigkeit bzw. des Naturschutzes wird auch als *grüner Kolonialismus* (Kumar 2010) bezeichnet, der sich wie folgt definieren lässt:

> [Green Colonialism] [i]s the set of mitigation measures adopted in the context of environmental policies, also linked to climate change, which affect the political and economic control of land, water and other natural resources of a third country. Green colonialism consists, for example, in the reforestation of vast areas that are reclaimed from agriculture and in the transformation into natural parks of territories inhabited by populations of hunter/gatherers, who are thus expelled from their native area and become ‚conservation displaced persons'. Said actions are regarded as colonialist when there are underlying power relations to the advantage of the West, which, despite being the actor mostly responsible for climate change, imposes mitigation measures upon the rest of the world, thus conditioning the control of territories and economic resources (CLISEL 2020).

Diesbezüglich ist allerdings anzumerken, dass derlei Praktiken nicht mehr nur ausschließlich von den ehemaligen europäischen Kolonialmächten ausgehen. Neben Staaten, Unternehmen und Nichtregierungsorganisationen aus dem globalen Norden sind es zunehmend auch Regierungen der ehemals kolonisierten Staaten selbst, die derlei Praktiken – als eine Form von internem bzw. Siedlerkolonialismus – gegenüber den indigenen und lokalen Gemeinschaften fortsetzen oder sogar intensivieren. Dies geschieht sowohl im Kontext von Nachhaltigkeit und Naturschutz als auch im Kontext von (neo-)extraktivistischen Entwicklungsprojekten (Acosta 2017; Domínguez & Luoma 2020; Gudynas 2009, 2013; Plumwood 2002).

> In some contexts, indigenous land rights have been further marginalised under postcolonial governments. This is not meant to diminish the brutal impact of colonial rule on indigenous peoples; rather it demonstrates how colonial norms and knowledge systems have been institutionalised in colonised territories, at the expense of the most marginalised and consistently exploited groups (Domínguez & Luoma 2020, S. 6).

Einhergehend mit der Idee des Natur- und Klimaschutzes vollzieht sich darüber hinaus auch eine fortlaufende Kommodifizierung und Kapitalisierung (Merkantilisierung) der Natur und ihrer sog. Öko-(system-) Dienstleistungen (Acosta 2013a; Escobar 2016a; Lang 2013).

Mit dem Ziel, die durch extraktivistische oder anderweitig zerstörerische Unternehmung entstandenen Schäden an der Natur besser berücksichtigen und kalkulieren zu können, werden die ökologischen Kosten (Externalitäten) zunehmend häufiger in das Wirtschaftssystem integriert und mit einem ökonomischen Wert versehen. „This is simply done by assigning property rights and market prices to all environmental services and resources" (Escobar 2016a, S. 364). Hierfür wird bspw. mit dem sog. REDD-Modell (bzw. REDD+) die Kohlenstoffaufnahmefähigkeit eines Waldes geschätzt, der dann als Kohlenstoffspeicher international gehandelt werden kann. Aufbauend auf der Bepreisung und Internalisierung der Natur, ihrer Ressourcen sowie ihrer Ökodienstleistungen (bspw. Sauerstoffproduktion und CO2-Einlagerung eines Baumes oder Waldes) in das kapitalistische Marktsystem, sollen die durch ökologische Schäden verursachten Mehrkosten an anderer Stelle wieder (bspw. in den Naturschutz) investiert werden, um hierdurch für einen Ausgleich (bspw. in der CO2-Bilanz) zu sorgen (Acosta 2013a; Escobar 2016a; Indigenous Peoples of Mother Earth 2012; Lyons et al. 2014; Solón 2015). Wenn bspw. ein Land wie Indonesien, das 2015 eine Entwaldungsrate von 1,7 Millionen Hektar/Jahr aufwies, im darauffolgenden Jahr bspw. 200.000 Hektar weniger entwaldet, kann es diese Fläche mithilfe des REDD-Modells international als C02-Speicher anbieten. „In other words, carbon credits are polluting permits for the rich" (Solón 2015, S. 9). „Mit REDD erfolgt die Kommerzialisierung und Privatisierung von Luft, Wäldern, Bäumen und der Erde insgesamt. Die Kolonisierung durch das Kapital wird so noch weiter ausgedehnt" (Acosta 2013a, S. 117).

> Those favoring the notion of ‚commoditizing' not only material goods such as water and wood, but the processes of nature, such as a forest's ability to capture and store carbon, profess that humans′ value only that which can be

> priced in the marketplace—and thereby only by putting a price on the natural world, it can be ‚saved' (Lyons et al. 2014, S. 3).

Besonders absurde Folgen der REDD bzw. REDD+ Modelle zeigen sich beispielsweise aktuell in Brasilien. Da im REDD-Modell eine Reduzierung der Entwaldungsrate eines Landes als eine der Voraussetzungen für den Verkauf von CO2-Zertifikaten gilt, führt dies im Umkehrschluss dazu, dass – wie bspw. in Brasilien – die Entwaldungsrate in einem Jahr zunächst extrem erhöht wird, um im darauffolgenden Jahr durch eine Verringerung der Entwaldungsrate diesen nun belassenen Teil zusätzlich als CO2-Speicher handeln zu können. „REDD is just the face of ‚green economy' for forests. The whole system is about cheating nature while making profit from it" (Solón 2015, S. 10).

Ein bekanntes Beispiel für derartige Naturschutzprojekte, mit denen sehr häufig (neo-)koloniale Strukturen und Praktiken einhergehen, ist das der Ausgleichszahlungen bzw. CO2-Zertifikate, wie sie in der Politik, Wirtschaft und auch Zivilgesellschaft genutzt und gehandelt werden. Die Idee dieser Projekte ist es, aufbauend auf der Berechnung des Schadens an der Natur, bspw. des CO2-Ausstoßs bei einer Flugreise, eine finanzielle Ausgleichszahlung an dafür eingerichtete Organisationen zu leisten, die diese dann wiederum bspw. in Wiederaufforstungsprojekte investiert, wodurch der durch jene Flugreise entstandene Schaden an anderer Stelle, bspw. durch das Pflanzen von Bäumen ausgeglichen bzw. kompensiert werden soll (Lyons et al. 2014). Häufig werden derlei Aufforstungsprogramme auch als nachhaltige Entwicklungsprojekte umworben, die sowohl soziale, wirtschaftliche als auch ökonomische Vorteile mit sich bringen und daher eine Art Win-Win-Win-Lösung darstellen würden (Gallegos 2015; Whyte 2018). „Badged as ‚green economic development,' global carbon markets are often championed not only as solutions to climate change, but as drivers of positive development outcomes for local communities" (Lyons et al. 2014, S. 2). Meist werden allerdings lokale und indigene Gemeinschaften, die in jenen Regionen leben, gewaltsam vertrieben und umgesiedelt, wobei ihnen auch der anschließende Zugang zu den Reservaten sowie zu den dort befindlichen Ressourcen und anderweitig (bspw. kulturell und spirituell) bedeutsamen Orten verwehrt wird. Durch die angelegten Monokulturwälder (bspw. Eukalyptus) und dem Einsatz von chemischen Stoffen für deren schnelle und geregelte Aufzucht werden die Böden in den Reservaten ausgelaugt und die Quellen und Gewässer (auch über diese Gebiete hinaus) verseucht. Die Biodiversität in diesen Regionen nimmt ab und ist, im Vergleich zu Gebieten, die von indigenen Gemeinschaften bewohnt, kultiviert und geschützt werden, geringer (Indigenous Peoples of Mother Earth 2012; Lyons et al. 2014). Kurz gesagt: „This system is carbon colonialism at work, with the natural resources of an [...] country exploited by foreign interests under the guise of sustainable development and at a high cost for the people and the environment" (Lyons & Ssemwogerere 2017, S. 3).

Zugleich unterliegt der Idee von Naturschutz, wie an diesem Beispiel deutlich wird, ein radikaler Dualismus von Natur und Mensch. Um die Natur zu schützen, so die Annahme, dürfe der Mensch, weil er nicht Bestandteil dieser ist, folglich auch nicht in diese eingreifen oder in dieser leben – wobei die zuständigen Umwelt-Expert*innen, Wissenschaftler*innen sowie Ranger, die diese Gebiete überwachen, hiervon ausgenommen sind. Für einen effektiven Naturschutz müssen Mensch und Natur, so die Vorstellung, strikt voneinander getrennt werden, die Natur müsse vor der Gesellschaft geschützt werden (Inoue & Moreira 2016, S. 5). Da die Produktions- und Lebensweisen vieler indigener oder lokaler Gemeinschaften darüber hinaus – obwohl es meist dem Gegenteil entspricht – häufig als ‚primitiv' und umweltschädlich (nicht-nachhaltig) galten/gelten, wurden/werden sie nicht nur für viele der Schäden verantwortlich gemacht, sondern auch von den Territorien, auf denen sie teils über mehrere Jahrhunderte leb(t)en, vertrieben (Alimonda 2019; Escobar 1996; Whyte 2017; Whyte & Cuomo 2017). „Like prior colonial land policies, these conservation models are fundamentally flawed. Not only have they failed to adequately protect the environment, but they have also had devasting impacts on the livelihoods of millions of indigenous peoples" (Domínguez & Luoma 2020, S. 14).

Neben der wissenschaftlich/politisch motivierten Aneignung von Land mit dem (an sich begrüßenswerten) Ziel, die dort vorkommende Natur bzw. die Ressourcen zu schützen, kam und kommt es ebenso zu wirtschaftlich motiviertem Landraub, der häufig mit industriellen, (neo-)extraktivistischen oder agrarwirtschaftlichen Großprojekten einhergeht und sich ebenfalls bis in die frühe Kolonialzeit zurückführen lässt (Acosta 2017; Brand, Dietz & Lang 2016; Escobar 1996; Dietz 2016; Gudynas 2009, 2012a, 2013). Der Begriff des Extraktivismus beschreibt vereinfacht gesagt, die Entnahme großer Mengen an natürlichen Ressourcen aus einer bestimmten Region, die anschließend (meist) in eine andere Region exportiert werden und der dortigen Gesellschaft zugutekommen (Acosta 2017; Svampa 2013b).

Ressourcen-Extraktivismus kann somit als eine zentrale koloniale Praktik betrachtet werden, die mit der Kolonisierung der Amerikas ihren Anfang nahm (Acosta 2016, 2017).

> Extractivism is a form of accumulation that began to emerge five hundred years ago. [...] With the conquest and colonisation of America, Africa and Asia, the world´s economy began to gain a capitalist structure. As one of the foundational elements of capitalist civilisation, extractive accumulation was developed and consolidated, driven by the demands of the metropolitan centres of this nascent capitalism (Acosta 2016, S. 60).

Während der Kolonialzeit waren speziell Lateinamerika sowie später auch Afrika und Asien die Hauptrohstofflieferanten für den Aufbau der europäischen Kolonialmächte sowie für deren spätere Industrialisierung (Brand et al. 2016, S. 137). Aber auch nach der Unabhängigkeit vieler Staaten erhielten, bestärkt durch den aufkommenden Neoliberalismus, viele der nationalen Regierungen derlei (neo-)koloniale Strukturen aufrecht. Das Prinzip blieb allerdings sehr ähnlich, wobei die ehemaligen Kolonien weiterhin vornehmlich als Rohstofflieferanten für die (ehemaligen) Kolonial-/Industriestaaten dienten.

> In practice, extractivism has been a mechanism of colonial and neocolonial plunder and appropriation. This extractivism, which has appeared in different guises over time, was forged in the exploitation of the raw materials essential for the industrial development and prosperity of the global North (Acosta 2013b, S. 63).

Diese Praktiken zeigen sich heute allerdings nicht mehr nur in Form kolonialer Landaneignung und Ausbeutung durch Staaten/Unternehmen/Gesellschaften des globalen Nordens, sondern werden zunehmend auch von den einst kolonisierten Staaten selbst fortgesetzt (Acosta 2013b; Alimonda 2019; Hargreaves 2019; Gudynas 2012a, 2013; Svampa 2013b). Speziell der Entwicklungsdiskurs und die Narration einer nachholenden Entwicklung beförderten die Vorstellung, dass das Kapital, das durch den Export von Rohstoffen in die ‚Industrieländer' des globalen Nordens erwirtschaftet würde, die eigene regionale/nationale Entwicklung ermöglichen bzw. beschleunigen würde. So sind beispielsweise auch mehrere sog. linke bzw. progressive Regierungen lateinamerikanischer (aber auch asiatischer und afrikanischer) Staaten in neo-extraktivistische Projekte involviert, die sowohl mit einer massiven Naturzerstörung als auch mit neokolonialen Praktiken gegenüber den dort lebenden Menschen einhergehen (Acosta 2013b, 2016; Brand et al. 2016; Guardiola & García-Quero 2014; Gudynas 2009; Hargreaves

2019). Neo-extraktivistische Entwicklungsprojekte zielen im Vergleich zur klassischen Variante in der Regel stärker auf eine nationale/regionale Entwicklung und Verbesserung der Lebensumstände der eigenen Gesellschaft/Gemeinschaft, aufbauend auf dem Gewinn, der durch die Extraktion (Entnahme) der natürlichen Ressourcen erzielt wird (Brand et al. 2016; Hargreaves 2019).

> Under neoextractivism, the debates about development have been significantly reconfigured. [...] Environmental impacts are minimised or denied, and attempts are made to damp down citizen protests. Again and again, we hear the myth of the region replete with immense wealth – without environmental limits – that must not be wasted, but rather taken advantage of intensively and efficient (Gudynas 2013, S. 26).

Zugleich findet im Zuge der Globalisierung eine zunehmende Kooperation mit multinationalen Unternehmen oder Staaten aus dem globalen Norden statt, sodass entsprechende Rohstoffe (Öl, Kohle, (Nicht-)Metalle, seltene Erden etc.) gewinnbringend extrahiert, exportiert und auf dem Weltmarkt gehandelt werden können (Gudynas 2009, 2013). Diese Formen neo-extraktivistischer Projekte werden dabei zunehmend auch von internationalen Institutionen wie bspw. den Vereinten Nationen beworben und gefördert (Hargreaves 2019). „Das Problem dabei ist aber, dass diese Perspektive auf die Umwelt und die Industrialisierung in den traditionellen Entwicklungsvisionen zu verorten ist, welche auf die Aneignung der Natur abzielen und den Umweltschutz den ökonomischen Zielen unterordnen“ (Gudynas 2009, S. 215). Die fortschreitende Ausbeutung der Natur und ihrer Ressourcen wird somit weiterhin als ein notwendiger Schritt betrachtet, um die regionale oder nationale Entwicklung und Armutsbekämpfung voranzutreiben (Brand et al. 2016, S. 130; Guardiola & García-Quero 2014; Gudynas 2012a, 2013). Beispielsweise beanspruchen viele nationale Regierungen des globalen Südens (teils zurecht) eine stärkere staatliche Kontrolle über das Land, die dortigen Ressourcen sowie deren Entnahme und Verwendung für die nationale/regionale Entwicklung oder zur Bekämpfung von Armut (Brand et al. 2016; Gudynas 2012a) – eine Art Ressourcen-Nationalismus (Hargreaves 2019, S. 63). „Yet it remains too close to a logic of accumulation deepening the dependent and underdeveloping dynamics of its colonial roots" (Acosta 2016, S. 61). Alimonda beschreibt jene Praktiken der Machtausübung nationaler Regierungen gegenüber lokalen und indigenen Gemeinschaften als eine Form des „internen Kolonialismus“ (Alimonda 2019, S. 117). Zugleich werden die ‚geförderten

Rohstoffe' nur selten innerhalb desselben Nationalstaates auch weiterverarbeitet und verbraucht/verbaut. Stattdessen werden diese sehr häufig in ,entwickelte Industriestaaten' exportiert, die diese meist weiterverarbeiten und letztlich sogar wieder (als fertige Produkte) in jene Staaten importieren. Neben Rohöl, Kohle, diversen Metallen oder selten Erden gehören hierzu auch Soja, Palmöl sowie viele weitere Nahrungsmittel. „In summary, the majority of ,developed' countries are net importers of nature and the ,underdeveloped' are net exporters of nature" (Acosta 2017, S. 81).

Hier spiegelt sich die von Sachs (2010c) oder Shiva (2014) kritisierte Doppelmoral im Umgang mit der Natur wider: Einerseits versuchen wir, diese in speziell angelegten Reservaten oder Parks zu schützen und andererseits wird die Natur unter dem Vorwand der nationalen/lokalen Entwicklung weiter zerstört und ausgebeutet, wobei es in beiden Fällen lokale, bäuerliche und indigene Gemeinschaften und Minderheiten sind, die von derlei Projekten am stärksten und häufigsten betroffen sind (Acosta 2013b; Dietz 2016; Domínguez & Luoma 2020; Hargreaves 2019). Typische Beispiele für neo-extraktivistische Projekte sind Berg- und Tagebauprojekte, alte wie neue Formen der Öl- und Gasförderung, der Bau von Wasserkraftwerken und Staudämmen, die Errichtung von Monokulturen (z.B. zum Anbau von Soja, Palmöl, Holz, Zucker, Tabak, Baumwolle, Kaffee und anderen Früchten) sowie zur Zucht von Tieren (Rinder, Lachs, Shrimps) als auch der Aufbau der diesbezüglich benötigten Infrastrukturen (Straßen, Schienennetze, Kanäle, Pipelines) (Acosta 2013b; Alimonda 2019; Escobar 1996; Dietz 2016; Gudynas 2012a; Indigenous Peoples of Mother Earth 2012; Svampa 2013b; Indigenous Peoples′ Global Summit on Climate Change 2009). Zugleich reichen derlei neo-extraktivistische Projekte immer weiter in abgelegene, noch nicht industriell erschlossene und häufig geschützte Regionen hinein, wodurch einerseits die Extraktionsformen immer kostenintensiver und aufwendiger werden und zugleich immer massivere Auswirkungen auf die dortige Flora und Fauna (sowie die dort lebenden lokalen Gemeinschaften) auftreten.

> The technologies used to extract oil, gas and minerals from the most remote corners of the planet are becoming more and more expensive, risky and environmentally destructive: the sea bed is being drilled at a depth of several kilometres, sands are being stripped of their small percentage of tar to produce oil, chemicals are being pumped into rocks to release natural gas, gigantic craters are being dug to extract the mere 0.1% of copper that the soil contains (Lang 2013, S. 5).

Die mit dieser Ressourcenplünderung einhergehende Naturzerstörung hat immense Auswirkungen auf die gesamten natürlichen Kreisläufe in der Natur. Die Rodung von Wäldern für gigantische Tagebauprojekte oder Monokulturen führt häufig zum Zusammenbruch des dortigen Ökosystems, was mit einer rasanten Abnahme der Biodiversität, der Flora und Fauna, einem Zusammenbruch der Wasserkreisläufe (Quellen, Flüsse, Bäche sowie dem Feuchtigkeitsgehalt im Boden), der Verseuchung und Versteppung der Böden, einer Zunahme von Waldbränden sowie der Ausbreitung und Neubildung von Wüsten, aber auch mit Erosion durch Regen und Überschwemmungen einhergeht (Acosta 2013b, 2016; Alimonda 2019; Dietz 2016; Indigenous Peoples of Mother Earth 2012; Lang 2013; Whyte & Cuomo 2017).

Zu derlei neo-extraktivistischen Projekten zählen auch agrar- und landwirtschaftliche Unternehmungen, die ebenfalls massive Auswirkungen auf Natur (und Mensch) haben. Hier nehmen die (Natur-)Wissenschaften, wie bereits bei der Grünen-Revolution der 1960er Jahre, eine zentrale Rolle ein. (Bio-)Technologien wie die grüne und rote Gentechnik greifen in die ‚Grundbausteine' der Natur ein und modifizieren diese nach unseren Bedürfnissen (Shiva 2010, 2014). „The modernist project always implies the use of biopower over nature, understood as power over physical-geographical spaces—soils and subsoils, natural resources, flora and fauna—taking advantage of climactic conditions, but also power over subaltern human bodies through domination" (Alimonda 2019, S. 135 f.). Zugleich findet hierbei eine zunehmende Vereinigung von Wissenschaft und Kapitalismus im Namen der Nachhaltigkeit und Effizienzsteigerung statt. Ein Beispiel, das die Idee einer absolut privatisier-, beherrsch- und optimierbaren Natur besonders gut verdeutlicht und auch als *‚neo-agro-colonialism'* (Hoffmann Pfrimer & Barbosa Júnior 2017) bezeichnet wird, ist die Genmanipulation und Patentierung von Pflanzen und Saatgut für Nahrungs- sowie pharmazeutische Zwecke, wobei sich bereits etwa 95 Prozent aller Patente auf fünf große multinationale Unternehmen verteilen (Castro-Gómez 2007, S. 442 f.; Shiva 2010).

> In the case of biodiversity and genetic resources, multinational corporations that work with the latest technologies can legitimately claim that any genetic alteration of the flora and fauna implies an inventive activity of the intellect that has a direct application in the agricultural or pharmaceutical industries, and therefore they are rightfully protected by patents. By claiming that genetically modified biological material is no longer a product of nature but of human intellect, the multinationals claim the right to patent

and declare as their own the economic benefits from the commercialization of these products (Castro-Gómez 2007, S. 440).

Aus dieser Perspektive erscheint die Natur bzw. die regenerativen und vegetativen Prozesse in der Natur unzureichend oder zu langsam für die Bedürfnisse der Menschen, weshalb diese ebenso weiterentwickelt und optimiert werden müssen (Shiva 2010, 2014, S. 298 f.), um schneller wachsen, mehr produzieren und mehr Gewinn abwerfen zu können.

> If the production of trees in plantations constituted an important step in the capitalization of nature, for example, the production of genetically produced trees (or the ‚perfect' tomatoes [...]) takes this process to new levels; it takes the tree a step further away from ‚organic nature' (Escobar 1996, S. 341).

Biotechnologien (hierzu kann bspw. auch CRISPR gezählt werden) stehen paradigmatisch für den Wunsch nach absoluter Kontrolle und Herrschaft über Leben an sich (Escobar 1996; Hoffmann Pfrimer & Barbosa Júnior 2017, S. 10). „That is to say, if you are able to have control over life itself, you can control all other aspects of life and no longer need to control large expanses of territory, in the classical sense" (Hoffmann Pfrimer & Barbosa Júnior 2017, S. 12).

Ob aus Gründen des Naturschutzes oder der Naturzerstörung, die Vertreibung und Umsiedlung indigener und lokaler Gemeinschaften, hatte und hat auch schwerwiegende soziale, kulturelle und spirituelle Auswirkungen auf die Gemeinschaften sowie deren Verhältnis zur Natur, die nicht außer Acht gelassen werden dürfen. Da es lokalen, bäuerlichen oder indigenen Gemeinschaften nach deren Vertreibung oder Umsiedlung häufig untersagt bleibt, ihre eigenen Territorien zu betreten/bewohnen sowie dortige Ressourcen zu nutzen, geht hiermit eine stetige Intensivierung sozial-ökologischer Konflikte einher (Escobar 2016a, 2016b; Indigenous Peoples of Mother Earth 2012; Indigenous Peoples´ Global Summit on Climate Change 2009; Svampa 2013a; Whyte 2017; Whyte & Cuomo 2017). „The result is conflicts of ecological distribution, such as those found in struggles around the protection of forests, rivers, mangroves, wetlands, or biodiversity" (Escobar 2016a, S. 364). Wie Escobar (1996) und Svampa (2013a) hervorheben, sind Konflikte über den Zugang zu und die Kontrolle von Land und Ressourcen einer der ausschlaggebenden Faktoren der heutigen globalen und lokalen

Krisenerscheinungen.[16] Infolge der gewaltsamen Vertreibung von Menschen, die teils seit Jahrhunderten auf diesen Territorien leben, für die Pflege und den Schutz der Flora und Fauna aufkommen und eine spirituelle Verbindung mit diesen Orten besitzen, werden einerseits viele der dadurch fortlaufend (re-)produzierten Deutungsschemata als auch das Wissen über die Natur, sowie die Art und Weise mit bzw. in der Natur zu leben, zerstört (Alimonda 2019; Whyte 2017; Whyte & Cuomo 2017). „Different forms of colonialism, of course, whether through environmental destruction, land dispossession or forced relocation, have ended Indigenous peoples′ local relationships to thousands of plants, animals, insects, and entire ecosystems" (Whyte 2018, S. 226).

Andererseits wird das Wissen, das indigene und lokale Gemeinschaften seit Jahrhunderten über die Natur (bspw. über die in ihren Territorien vorkommende Flora und Fauna) angesammelt und kultiviert haben, nicht nur zerstört. Zugleich werden auch diejenigen Wissensformen und Praktiken, die für das moderne/koloniale kapitalistische Weltsystem – auch im Sinne der Nachhaltigkeit – von Interesse sind, fortlaufend ausgebeutet, kolonisiert und vereinnahmt (Escobar 1995; Hoffmann Pfrimer & Barbosa Júnior 2017; Indigenous Peoples of Mother Earth 2012). Bereits zu Beginn des Kolonialismus wurde das Wissen der indigenen Gemeinschaften über endemische Tier- und Pflanzenarten benötigt, um die Kolonien mit Nahrung, Medizin sowie weiteren Gütern zu versorgen. Nachdem die dortigen Tier- und Pflanzenarten durch die Ausbeutung von Mensch und Natur zunehmend zu verschwinden begannen, wurde und wird daraufhin das Wissen dieser Gemeinschaften kolonisiert und vereinnahmt, um die noch übrig gebliebenen Arten vor dem Aussterben und die natürlichen Kreisläufe vor dem Zusammenbruch zu bewahren (Escobar 1995; Hoffmann Pfrimer & Barbosa Júnior 2017). Hierbei zeigen sich deutlich die Praktiken der Denunzierung und Ausschließung sowie Aneignung und Vereinnahmung von Wissen wieder. Einerseits wird das Wissen indigener und lokaler Gesellschaften als ‚unwissenschaftlich', ‚primitiv' und ‚traditionell' betrachtet, weshalb es aufgegeben und durch ein modernes und wissenschaftlich fundiertes Wissen ersetzt werden solle. „Indigenous knowledge, based in centuries of coexistence, observation and empirical experimentation in the framework of local ecosystems, was discarded at the time of conquest and during the colonisation that has continued until the present day" (Alimonda 2019, S. 127). Zugleich werden

16 Dieser Aspekt wird in Kapitel 4.2 nochmals genauer betrachtet.

aber die ‚traditionellen', ‚unwissenschaftlichen' Wissensweisen und Praktiken indigener Gemeinschaften durch wissenschaftliche Beobachtung und Forschung in ‚modernes', ‚wissenschaftliches' Wissen übersetzt und sofern es nützlich erscheint, vereinnahmt, als eigenes Wissen ausgegeben und häufig sogar ebenfalls privatisiert/patentiert.

> As a result, practices that are a product of TEK [Traditional Ecological Knowledge] that before had ‚no scientific attributes' are no longer allowed to be performed by traditional communities given that these became the property of transnational corporations. In this final stage, there is a practice of familiarity or approximation. From that moment on, TEK is not strange, since it has attributes in common with the colonising culture: the Western scientific rationale. This implies, as Mignolo (2002) argues, a geopolitics of knowledge, since there is a knowledge-emitting centre that subjugates other local histories (Hoffmann Pfrimer & Barbosa Júnior 2017, S. 26).

Zusammenfassung der Kritik

Wie in diesem Unterkapitel aufzuzeigen versucht wurde, basiert die dominierende (eurozentrische) Naturvorstellung auf einer anthropozentrischen Weltsicht, die einen radikalen Dualismus zwischen Natur und Mensch postuliert und hierdurch sowohl unser Verständnis von Nachhaltigkeit als auch die konkrete Praxis, wie wir die Natur zu schützen versuchen, prägt und beeinflusst. Zugleich zeigen sich in unseren Vorstellungen, in unseren Narrativen und in unserem Umgang mit der Natur zahlreiche Parallelen zur Logik und Rhetorik der Modernität/Kolonialität. Der durch den Anthropozentrismus konstruierte und globale institutionalisierte Natur-Mensch-Dualismus erscheint letztlich sogar als einer der zentralen Bestandteile des modernen/kolonialen kapitalistischen Weltsystems bzw. der OWW-Ontologie (Brunner 2020; Castro-Gómez 2007, S. 443; Escobar 2016b, 2018; Inoue & Moreira 2016, S. 4; Santos et al. 2007; Vázquez 2012; Walsh 2018).

> The separation between the human and nature (between reason and nature, between civilization and barbarism, etc.) is one of the ruling dichotomies of the modern/colonial order. This dichotomy posits an anthropocentric worldview. It sets the grounds for racial discourses, and production processes of ecological devastation. In the natural sciences this dichotomy drives the encyclopedic enterprise of classifying the totality of the natural world in order to objectify it and bring nature under the anthropocentric control of modernity (Vázquez 2012, S. 4).

> Perhaps the most central feature of the One-World project has been a twofold ontological divide: a particular way of separating humans from nature (the nature/culture divide); and the distinction and boundary policing between those who function within the OWW from those who insist on other ways of worlding (the colonial divide) (Escobar 2016b, S. 21).

Auch Lori Gallegos ist der Ansicht, dass es sinnvoll erscheint, „to add to Maldonado-Torres′ list that the coloniality of being is also reproduced in our conception of nature, where nature comes to be understood as a realm that is radically separate from human being" (Gallegos 2015, S. 35 f.). Eine sehr interessante und m.E. die bisherigen theoretischen Einsichten sowie Kritiken pointiert zusammenfassende Beschreibung darüber, wie viele lokale und indigene Gemeinschaften auf die Probleme bzw. ‚zukünftigen' Herausforderungen des Anthropozäns und Klimawandels blicken, lässt sich bei Kyle Whyte (2017, vgl. auch 2018), einem Wissenschaftler und Aktivisten des Potawatomi-Stammes aus Nordamerika, wiederfinden:

> [...] Indigenous persons and allies examine climate change less as a future trend, and more as the experience of going *back to the future*. For anthropogenic climate change is an intensified repetition of anthropogenic environmental change inflicted on Indigenous peoples via colonial practices that facilitated capitalist industrial expansion. The same colonial practices and policies that opened up Indigenous territories for deforestation and extractive industries are the ones that make adaptation difficult for Indigenous peoples today. Anthropogenic climate change makes Indigenous territories more accessible and Indigenous peoples more vulnerable to harm, just as did laws, policies, boarding schools, and the like in previous episodes of colonization (Whyte 2017, S. 156 f.).

Die Risiken und Gefahren, die wir – die Gesellschafteen des globalen Nordens – unter dem Begriff des Anthropozäns zusammenfassen, inklusive der Handlungen, die wir unternehmen, um diesen ökologischen Herausforderungen und Gefahren entgegenzusteuern, sind, vereinfacht gesagt, für viele Menschen und indigenen Gemeinschaften der Welt also keineswegs neue Erfahrungen, sondern seit über 500 Jahren fester Bestandteil ihres Alltags. „The Anthropocene, from the perspective of indigenous peoples, is not an entirely new era that begins in 1950 after WWII and the atomic bomb. For them, it began five hundred years ago and continues today" (Mendoza 2018, S. 120). So formulierten es auch eine internationale Gruppe von 500 indigenen Menschen, die sich zum Rio + 20 Summit im Jahr 2012 in Rio de Janeiro trafen und eine eigene Deklaration verfassten.

> We see the goals of UNCSD Rio+20, the ,Green Economy' and its premise that the world can only ,save' nature by commodifying its life giving and life sustaining capacities as a continuation of the colonialism that Indigenous Peoples and our Mother Earth have faced and resisted for 520 years (Indigenous Peoples of Mother Earth 2012).

Wie Vertreter*innen beider Theorieperspektiven allerdings betonen, sei weder das Projekt der Modernität/Kolonialität noch das der Entwicklung der ‚Unterentwickelten' vollständig abgeschlossen bzw. erfolgreich gewesen. Auch wenn es kein absolutes Außerhalb von Modernität mehr gebe und keine Gesellschaft/Gemeinschaft von den Macht- und Herrschaftsstrukturen über Mensch und Natur vollkommen unberührt geblieben sei, bestünden dennoch, früher wie heute, zahlreiche Gemeinschaften und soziale Bewegungen, die Widerstand gegen ihre Vertreibung, Umsiedlung, Enteignung, Ausbeutung und den damit verbundenen Auswirkungen auf ihre Lebensbedingungen und Lebensweisen leiste(te)n (Alimonda 2019; Mignolo 2018, S. 159; Quijano 2016, S. 22; Shiva 2010, S. 237; Sullivan 2016; Walsh 2018, S. 38).

> In varying degrees of subordination or relative isolation, other regimes of nature have constituted strategies of survival or resistance, such as smallholding, indigenous groups, *palenques*, etc. Just as this coexistence has endured over time, the overwhelming impetus for destructive occupation is renewed over regions that had remained relatively marginal in this dynamic, such is the case of the Amazon (Alimonda 2019, S. 136 f.).

Neben der Amazonas- und Andenregion finden sich derlei Gemeinschaften und Bewegungen, die Widerstand gegen deren Kolonisierung, Entwicklung und fortlaufende Inkorporation in das moderne/koloniale kapitalistische Weltsystem leisten, ebenso in anderen Regionen Süd- bzw. Lateinamerikas (Escobar 1998, S. 64 f., 2016b; Kothari et al. 2014, S. 367; Walsh 2018, S. 46 f.) als auch in Nordamerika (Walsh 2018; Whyte 2017, 2018; Whyte & Cuomo 2017), in Afrika (Domínguez & Luoma 2020; Lyons et al. 2014; Lyons & Ssemwogerere 201), in Indien (Escobar 2016b; Nirmal & Rocheleau 2019; Sachs 2010c; Shiva 2010, 2014), auf Borneo (Borrini-Feyerabend & Farvar 2019; Shiva 2010), in Australien (Plumwood 2002) sowie in Europa (Escobar 2015) wieder.

> These initiatives and movements are incredibly diverse in their settings and processes, and indeed this is one of their strengths, as opposed to the tendency of ‚modernity' and ‚developmentalism' to shape the whole world in a homogenous western, consumerist, materialist frame. They are pluriversal, rather than universal. [...] They promote and work towards systemic change, altering the structures of domination and exploitation. They espouse, implicitly or explicitly, some common values and principles, such as those of cooperation and solidarity, interconnectedness and reciprocity, respect and dignity, autonomy and freedom, human rights as also the rights of nature, equality and equity, among others (Kothari 2018, S. 49).

Aufbauend auf diesen Kritiken sollen nun die von dekolonialen und Postdevelopment-Vertreter*innen vorgeschlagenen Wege nachgezeichnet werden, die es möglich erscheinen lassen, die eurozentrischen, anthropozentrischen und dualistischen Denkstrukturen zu durchbrechen und eine dekoloniale Haltung entwickeln zu können, um sich den Perspektiven und Weltsichten (nicht-europäischer) indigener Gemeinschaften mit der nötigen Achtung anzunähern, ihren Sichtweisen und Anliegen *kritisch zuzuhören* (Vázquez 2012) und *von und mit ihnen denken* (Walsh 2018) zu können.

> Given that we cannot be intimate with the Earth within a mechanistic paradigm, we are in dire need of a New Story that might enable us to reunite the sacred and the universe, the human and the non-human. The wisdom traditions, including those of indigenous peoples, are a partial guide towards this goal of re-embedding ourselves within the Earth (Escobar 2016b, S. 27).

4.2 Die Dekolonisierung der Natur

Die von (nahezu) allen Vertreter*innen beider Theorien konsensuell (meist)geteilte Forderung richtet sich an die Aufgabe/Verwerfung der anthropozentrischen und dualistischen Weltsicht, wie sie in der OWW-Ontologie, in der Rhetorik und Logik der Modernität/Kolonialität, in dem Diskurs einer nachhaltigen Entwicklung sowie auch in den Debatten Rund um die Themen Nachhaltigkeit und Naturschutz Ausdruck findet (Castillo Ospina & Masullo-Jiménez 2017; Escobar 2016b; Gallegos 2015; Grzybowski 2019; Gudynas 2013, 2017; Inoue & Moreira 2016; Kothari et al. 2019; Plumwood 2002). Dies erfordere wiederum zuvorderst eine Dekolonisierung unseres Wissens – eine radikale Infragestellung unserer eigenen Imaginationen, Interpretationen und Deutungsmuster über die Natur sowie der damit verbundenen Trennung von

Natur und Mensch. Sowohl die dominanten Vorstellungen von Natur als auch die von uns selbst – als Menschen – sind, soziale Konstruktionen, die einer eurozentrischen dualistischen und anthropozentrischen Ontologie/Kosmologie unterliegen. Um sich von dieser reduktionistischen Weltsicht schließlich loszulösen, bzw. sie zu durchbrechen, zu verschieben und eine dekoloniale Haltung entwickeln zu können, benötige es (viele) andere Wissensweisen und Vorstellungen von Natur sowie der Natur-Mensch-Beziehung, die sich außerhalb – in der Exteriorität – des modernen/kolonialen kapitalistischen Weltsystems befinden (Castillo Ospina & Masullo-Jiménez 2017; Dengler & Seebacher 2019; Escobar 2016b; Gudynas 2013; Inoue & Moreira 2016; Mignolo 2018). „Zum einen muss das ‚Wissen' dekolonialisiert werden, um die Überlegenheit des Westens zu beenden, zum anderen muss die Vielfalt der Kulturen respektiert werden, ohne dass diese hierarchisiert werden" (Gudynas 2012b, S. 21).

Indigene und lokale Kosmologien

Wie bereits erwähnt, erachten Vertreter*innen von Postdevelopment sowie des M/C/D-Ansatzes die Weltsichten (Ontologien und Kosmologien), das Wissen sowie die Lebensweisen und Praktiken von indigenen/lokalen Gemeinschaften und Grassroots-Bewegungen des globalen Südens als ein Pluriversum voll inspirierender Alternativen zum gegenwärtigen (und seit Jahrhunderten dominierenden) Modell des modernen/kolonialen kapitalistischen Weltsystems bzw. der OWW-Ontologie. Diese Wissensweisen, Deutungsmuster, Lebensweisen und Praktiken, die unterdrückt und/oder ausgeschlossen wurden und noch immer werden, müssten stärker aufgewertet, als gleichwertig anerkannt und als theoretische sowie praktische Vorbilder von Dekolonialität verstanden werden. „The movements for the defense of territories against the onslaught by globalized capital, extractivist forms of development, and modernist discourses of progress, growth, value, and order provide an excellent grounding for rethinking sustainability" (Escobar 2017, S. 239). Wie Inoue und Moreira (2016) betonen, ist eine *epistemologische Parität* zentrale Voraussetzung hierfür.

Angesichts des sich immer deutlicher abzeichnenden Klimawandels, der rasant abnehmenden Biodiversität und den unzähligen weiteren ökologischen sowie sozialen Herausforderungen, die unter dem Schlagwort des Anthropozäns zusammengefasst werden können, ist eine

Aufwertung und Berücksichtigung indigener, lokaler und/oder traditioneller Wissensweisen über die Natur, über die Ökosysteme, in denen sie leb(t)en sowie das Wissen über die dortige Flora und Fauna bereits aus rein pragmatischen Gründen sinnvoll. Viele ‚Indigenous and Community Conserved Areas (ICCAs)‘, also Gebiete die von lokalen und indigenen Gemeinschaften bewohnt, kultiviert/bewirtschaftet und zugleich vor der (fortschreitenden) Zerstörung und Ausbeutung geschützt werden, weisen nachweislich intaktere Ökosysteme sowie eine höhere Biodiversität auf (Borrini-Feyerabend & Farvar 2019; Inoue & Moreira 2016; Sullivan 2016; Whyte 2018). In Verbindung mit diesen unschätzbaren theoretischen Wissensvorräten haben all jene Gemeinschaften über Jahrhunderte hinweg Praktiken entwickelt und aufrechterhalten, die für die Funktion und den Erhalt der Ökosysteme und der Artenvielfalt von entscheidender Bedeutung sind (Inoue & Moreira 2016; Whyte 2017; Whyte & Cuomo 2017, S. 240). „Any policy, program or project designed to conserve biodiversity, to mitigate or adapt to climate change, to manage the forest or wildlife and so on should take into consideration traditional or indigenous knowledge to increase the chances of success" (Inoue & Moreira 2016, S. 15).

Wie im vorherigen Unterkapitel allerdings sichtbar wurde, scheint diese Einsicht erstens nicht neu und bereits bei den Machtzentren dieser Welt angekommen zu sein und zweitens entspräche eine solche Vorgehensweise im Grunde nichts anderem als einer fortschreitenden Kolonisierung und Vereinnahmung indigener/lokaler/traditioneller Wissensweisen – eine neue ‚white man´s burden‘. Diesmal jedoch vor dem Hintergrund, den von uns selbst angerichteten Schaden an der Natur zu ‚reparieren‘.

> In the early phases of colonization, the white man's burden consisted of the need to ‚civilize' the non-white peoples of the world — this meant, above all, depriving them of their resources and rights. In the later phase of colonization, the white man's burden consisted of the need to ‚develop' the Third World, and this again involved depriving local communities of their resources and right. We are now on the threshold of the third phase of colonization, in which the white man's burden is to protect the environment, especially the Third World's environment — and this, too, involves taking control of rights and resources (Shiva 2014, S. 290).

Eine Betrachtung/Analyse ihrer Wissensweise, Praktiken oder auch Narrative, ohne dass hierbei die historischen und bis heute dominierenden Strukturen von Kolonialismus und Kapitalismus bzw.

Kolonialität/Modernität berücksichtigt werden, münde in neuen und weiteren Formen epistemischer (sowie anderen Formen von) Gewalt – einer Vereinnahmung durch die OWW-Ontologie. Durch das Ausblenden/Verschweigen der eigenen Position, Perspektive, der persönlichen Verflechtungen und Privilegien im kolonialen/modernen kapitalistischen Weltsystem sei es wiederum möglich, sich einerseits als Freund*in und Verbündete*r oder sogar Retter*in indigener Gemeinschaften auszugeben, während andererseits zugleich die kolonialen Strukturen aufrechterhalten und intensiviert werden (Whyte 2018, S. 237 f.). Wieder sei das moderne/koloniale Weltsystem das Zentrum, in das Wissen inkorporiert würde und indem diese Ausbeutungsstrukturen verschwiegen würden – bleibe es der Ort, der den universellen und einzig möglichen Weg einer ‚nachhaltigen Entwicklung' dem ‚Rest der Welt' auferlege. „It treats Indigenous peoples, as resources that can be used for better or worse purposes for the advancement of humanity. It allows allies to claim themselves as the protagonists for Indigenous peoples" (Whyte 2018, S. 238).

Eine dekoloniale Haltung gegenüber indigenen/lokalen Gemeinschaften

Indigene/lokale Wissensweisen, Praktiken und Lebensweisen sind zwar unter vielerlei Gesichtspunkten nachhaltiger (Whyte & Cuomo 2017, S. 236), doch sollten weder das Wissen jener Gemeinschaften noch die Menschen selbst ausschließlich unter diesen Gesichtspunkten betrachtet werden. Darüber hinaus sind viele Wissensweisen und Praktiken indigener Gemeinschaften nicht in einen akademisch-wissenschaftlichen Kontext übersetz- und integrierbar, ohne dass deren Konzeptionen drastisch reduziert, vereinfacht oder verfälscht interpretiert/übersetzt würden (Borrini-Feyerabend & Farvar 2019, S. 209; Inoue & Moreira 2016). Statt also deren Wissensweisen und Praktiken in die hegemoniale OWW-Ontologie zu inkorporieren bzw. zu vereinnahmen, sollten sie für sich – und in ihrem jeweiligen Kontext – belassen und ihr Wissen als gleichwertig wie das eigene Wissen – das in einem entsprechend anderen Kontext steht – anerkannt werden (Inoue & Moreira 2016, S. 8). „It means bringing diversity in thought, worldview and values. It is a reaffirmation of Indigenous epistemological and ontological foundations" (Wilson 2004, S. 71 zit. nach Inoue & Moreira 2016, S. 11). Wir sollten ihnen, ihren Sichtweisen und Anliegen kritischer/aufmerksamer zuhören und versuchen, sie (besser) zu verstehen, um unsere eigenen Vorstellungen von der Natur sowie von uns selbst reflektieren und ‚dekolonisieren' zu können. „[...] Indigenous knowledges can help us rethink the divisions colonialism, its progeny coloniality and humanism have created between humans and nonhumans" (Queirozs Sousa & Rocha Pessoa 2019, S. 522). Eine solche Verschiebung, Positionalisierung oder – mit den Worten von Dipesh Chakrabarty – *Provinzialisierung* des eigenen Wissens und der damit einhergehenden Aufwertung anderer Wissensweisen, bildet die Grundvoraussetzung dafür, was Mignolo als „to think and act decolonially" (Mingolo 2011a, S. 23 f.), Vázquez als „translation as struggle" (Vázquez 2011, S. 42), Maldonado-Torres als „decolonial attitude" (Maldonado-Torres 2007, S. 262) oder Catherine Walsh als „to think from and with" (Walsh 2018, S. 20) bezeichnen. „[It] means to change the terms and not just the content of the conversation" (Mignolo 2008, S. 459). Einhergehend mit dieser Perspektivverschiebung ist es möglich, die für unsere Gesellschaften des globalen Nordens noch ‚relativ' jungen (seit etwas mehr als 50 Jahren auf internationaler Ebene geführten) Debatten über den Klimawandel, das Artensterben, Nachhaltigkeit oder das Anthropozän etc. sowie die hierdurch hervorgerufenen Konflikte aus vollkommen anderen Blickwinkeln zu betrachten. Wie Whyte (2017) oder Mendoza (2018) in den obigen Zitaten deutlich machen, ‚müssen' sich viele Menschen und Gemeinschaften mit derlei Fragen und Herausforderungen bereits seit mehr als 500 Jahren auseinandersetzen – und zwar ohne Selbstverschulden und zugleich auf eine sehr viel konkretere und direktere Weise als es für viele Gesellschaften des Nordens bis dato der Fall war und ist.

Eine dekoloniale Perspektive auf sozial-ökologische Konflikte

So bedarf es bspw. auch einer differenzierteren Betrachtung von sozial-ökologischen Konflikten,[17] wie sie sich im Rahmen von Naturschutzprojekten oder auch durch neo-extraktivistische Entwicklungsprojekte ergeben und fortlaufend intensivieren. Wie Svampa (2013a) und Escobar (1998, 1999, 2015) hervorheben, sollten bzw. dürfen derlei Ressourcen- und Territorialkonflikte nicht nur als Interessens- oder

17 Angelehnt an Svampa verstehe ich unter sozial-ökologischen Konflikten – vereinfacht gesagt – verschiedene Formen der Auseinandersetzungen zwischen mindestens zwei Akteur*innen bzw. Gruppen, die divergierende Interessen und Wertvorstellungen hinsichtlich Zugang, Kontrolle, Nutzung und Zerstörung von Territorien sowie den dort befindlichen natürlichen Ressourcen umfassen (Svampa 2013a, S. 79).

Verteilungskonflikte über den Zugang zu oder die Nutzung von Ressourcen verstanden werden, wie es bei der OWW-Perspektive vornehmlich der Fall ist (Escobar 1998, S. 71, 2015, 2016; Kothari 2014; Svampa 2013a). Derlei sozial-ökologische Konflikte besitzen – speziell, wenn sie sich zwischen indigenen und ‚westlich geprägten' Gemeinschaften/Regierungen etc. ereignen – ebenso eine ontologische Dimension (Botero 2019; Escobar 2015; 2016b, 2017; Inoue & Moreira 2016; Svampa 2013a). „Im Zentrum dieser Konflikte stehen unterschiedliche Naturauffassungen, sprachlich-symbolische Deutungsmuster und Wahrnehmungen des Territoriums sowie Vorstellungen zu deren Schutz und zukünftiger Nutzung" (Svampa 2013a, S. 80). Die Konfliktakteur*innen bzw. Konfliktparteien haben in diesem Sinne unterschiedliche soziale Wirklichkeiten und leben in verschiedenen Welten (und dennoch auf demselben Planeten und zur selben Zeit) – sie (bzw. wir alle) leben in einer Welt, in der viele Welten existieren – um es mit dem vielzitierten Ideal der Zapatista (Escobar 2016b, S. 20) anzudeuten.

> Perhaps, it is more precise to state that, as there are many worlds, there are many nature(s). The recognition of many worlds implies that there are many knowledge systems and different notions of nature that guide and engage agents towards the global environment (Inoue & Moreira 2016, S. 2).

Konzise formuliert: „Different knowledge systems consider nature differently" (Inoue & Moreira 2016, S. 3). Viele (vornehmlich) indigene Gemeinschaften vertreten sehr häufig ontologische bzw. kosmologische Weltsichten und Vorstellungen von der Natur, die dem skizzierten *Regime einer organischen Natur* entsprechen (Escobar 2016a; Inoue & Moreira 2016).

> In many nonmodern or non-Western settings, the strict separation between the biophysical, the human, and the supernatural worlds that characterizes urban-based, modern societies does not exist. On the contrary, ‚nature' is an integral component of the human and supernatural domains. Nature exists in a dense universe of collective representations that at once grounds different ways of doing things with / around ‚nature' (Escobar 2016a, S. 365).

In jenen Welten oder Regimen einer organischen Natur bestehen meist Vorstellungen einer belebten und sensitiven Natur sowie ein nicht-dualistisches Verständnis der Natur-Mensch-Beziehung (Escobar 1999, 2016a, 2016b, 2018, 2019; Inoue & Moreira 2016, S. 8 f.; Vázquez 2012; Shiva 2014). Eine Berücksichtigung jener *Regime einer organischen Natur* sowie der damit zusammenhängenden *nicht-dualistischen/relationalen Kosmologien* ist bei jeglichem Kontakt/Dialog mit indigenen Gemeinschaften somit von zentraler Bedeutung. „Thinking relationality as prior to object or subject is fundamental to rethinking the political and to engage in a dialogue with indigenous philosophies" (Vázquez 2012, S. 5). Diese beiden Aspekte sollen daher im Folgenden erneut kurz aufgegriffen werden.

Nicht-dualistische Regime einer organischen Natur

Viele indigene sowie ortsbasierte Gemeinschaften (place-based-Communities/Collectives) verstehen die Natur insgesamt sowie alle oder große Teile der Natur (Tiere, Pflanzen, Berge, Wasser, Flüsse und anderweitige Entitäten bzw. Naturerscheinungen – sehr häufig auch Energien, Ahnen, Götter, Geister etc.) als lebende, bewusste und fühlende Wesen, die zugleich als ein Teil ihrer Familie/Gemeinschaft betrachtet werden (Descola 1996; Eisenstein 2019; Escobar 2016b, 1999, 2015; Inoue & Moreira 2016; Merchant 1989; Shiva 2010, 2014; Whyte 2017).

> A place-based collective can be described as a network of (human and non-human) persons – i.e., entities endowed with their own dignity, will, and purpose – who are entangled through social and even familial bonds. It is not rare to hear place-based collective spokespersons refer to rivers, mountains, forests, or animals as ‚grandfather, brother, spirit owner', and so on (Blaser 2019, S. 235).

Innerhalb derlei Regime einer organischen Natur, die in westlichen Theorien häufig auch als animistische Ontologien bzw. Kosmologien (oder Theologien) bezeichnet werden, wird die Natur bzw. natürliche Entitäten in der Natur (teilweise der Kosmos) – vereinfacht gesagt – als lebend, sensitiv und/oder aktiv betrachtet (vgl. Blaser 2019; Eisenstein 2019; Gorke 2018; Inoue & Moreira 2016, S. 10 ff.; Plumwood 2002; Sullivan 2016; siehe auch Kap. 4.1 und Kap. 4.2).[18] „Put simply,

18 Auf eine Unterscheidung zwischen animistischen und ähnlichen Ontologien/Kosmologien wird verzichtet, da diesbezügliche Differenzen an dieser Stelle nicht relevant erscheinen (vgl. hierzu Eisenstein 2019; Descola 1996, S. 87 ff.). In westlichen akademisch-philosophischen Diskursen werden derlei Konzeptionen häufig auch in der Disziplin der Theologie (als Glaubenssysteme) diskutiert und ausgearbeitet. Animistische bzw. anderweitige organische Naturregime werden hier allerdings nicht als theologische (Glaubens-)Konzepte, sondern als

animist ontologies assume the alive sentience of other-than-human natures, affirm the possibility of agency enacted by ,non-human' entities, and tend to adjust human relationships with these entities accordingly" (Sullivan 2016, S. 159).

Aufbauend auf derlei Regimen einer organischen Natur haben/pflegen viele der Gemeinschaften somit auch ein vollkommen anderes Verhältnis zu natürlichen Entitäten, ihren Territorien bzw. der Natur im Allgemeinen. Mensch und Natur (Tiere, Pflanzen, Berge, Flüsse, etc.) erscheinen nicht als voneinander getrennt, sondern befinden sich vielmehr in ständigen Verbindungen (Relationen) zu- und miteinander.

> In many traditional cultures, the various elements of nature (e.g. river, forest, rain, sky, stars, animals, etc.) are each imbued with its corresponding soul, spirit and sacredness. This intense relation with the elements of nature makes a significant difference in human relations with nature, in particular in the greater respect for other beings and how events toward nature are perceived (Inoue & Moreira 2016, S. 16 f.).

Alle (oder, je nach Perspektive, nahezu alle) Entitäten in der Natur sind interdependente sowie konstitutive Bestandteile der Natur-Mensch-Gemeinschaft – bzw. der sozial-ökologischen Gemeinschaft (Borrini-Feyerabend & Farvar 2019; Inoue & Moreira 2016, S. 9; Escobar 2018, S. 12; Whyte 2018). Kurz gesagt: „[…] a world where everything is connected to everything else" (Kothari et al. 2019, S. xxix). Escobar skizziert eine solche Ontologie/Kosmologie am Beispiel der sog. ‚Mangroven-Welten' – afrokolumbianischer Gemeinschaften, die in und an den Mangrovenwäldern des Yurumanguí Flusses in Kolumbien leben (Escobar 2016b). Die Relationen zwischen den dort lebenden (wohnenden) Menschen und den dort lebenden wie nicht-lebenden sowie ‚übernatürlichen' Entitäten bestehen aus unzähligen voneinander abhängigen und miteinander in Verbindung stehenden Prozessen, die das Ökosystem (Mangrovenwald) überhaupt erst entstehen lassen, konstituieren und durch das fortlaufende Ineinanderwirken aufrechterhalten.

---

ontologische/kosmologische Weltsichten verstanden. Die Unterstellung, hierbei handele es sich um (veraltete/primitive) Weltvorstellungen oder sog. ‚Naturreligionen' und nicht um ontologische Konzepte erscheint als eine Form epistemischer bzw. ontologischer Gewalt (vgl. Blaser 2019, S. 235; Eisenstein 2019, S. 158), wie sie mit der christlichen Theopolitik einherging (siehe Kap. 3.2, S. 54 ff.).

> The mangrove-world, to give it a short name, is enacted minute by minute, day by day, through an infinite set of practices carried out by all kinds of beings and life forms, involving a complex organic and inorganic materiality of water, minerals, degrees of salinity, forms of energy (sun, tides, moon, relations of force), and so forth. [...] These experiences constitute relational worlds or ontologies. To put it abstractly, a relational ontology of this sort can be defined as one in which nothing preexist the relations that constitute it (Escobar 2016b, S. 18).

Die spirituellen und kulturellen (sowie rein physischen) Verbindungen mit dem Land, Wasser, der Luft sowie der Flora und Fauna, mit denen jene Menschen (Geister und Ahnen) interagieren und zusammenleben, stellen einen fundamentalen und konstitutiven Bestandteil ihres sozialen bzw. sozial-ökologischen Lebens dar (Borrini-Feyerabend & Farvar 2019, S. 210; Escobar 2016b, 2017; Sullivan 2016). Keine (egal ob menschliche oder nicht-menschliche) Entität befindet sich außerhalb der Gemeinschaft oder ist ohne Einfluss auf diese. „Most non-Western cultures have been based on the democracy of all life" (Shiva 2014, S. 291). Alle sind gleichbedeutende und gleichwichtige Teile dieser sozial-ökologischen Gemeinschaft, konstituieren sie und sind für deren Bestand von zentraler Bedeutung (Escobar 2017, S. 249). „Relationality in the social and political sphere takes the form of a togetherness where there is no dichotomy between master and slave" (Vázquez 2012, S. 5).

Ein solches Verständnis von Natur bzw. der Relationen zwischen Mensch und Natur wird bspw. in den Forderungen der *Anchorage Declaration* aus dem Jahr 2009, die von Vertreter*innen indigener Gemeinschaften aus der Arktis, Nordamerika, Asien, der Pazifikregion, Lateinamerika, Afrika, der Karibik sowie Russland verfasst wurde, deutlich hervorgehoben: „We reaffirm the unbreakable and sacred connection between land, air, water, oceans, forests, sea ice, plants, animals and our human communities as the material and spiritual basis for our existence" (Indigenous Peoples´ Global Summit on Climate Change 2009, S. 1). Noch expliziter zeigen dies die Formulierungen der *Kari-Oca 2 Declaration* der *Indigenous People of Mother Earth*, in der die persönlichen Beziehungen jener indigenen Gemeinschaften zur Natur bzw. zu ihren Territorien wie folgt von ihnen beschrieben wird:

> Our lands and territories are at the core of our existence – we are the land and the land is us; we have a distinct spiritual and material relationship with our lands and territories and they are inextricably linked to our survival and

> to the preservation and further development of our knowledge systems and cultures, conservation and sustainable use of biodiversity and ecosystem management (Indigenous Peoples of Mother Earth 2012).[19]

Weitere Beispiele verschiedener Positionspapiere, die von indigenen/lokalen Gemeinschaften verfasst wurden, finden sich bei Whyte und Cuomo (2017). Zusammenfassend lässt sich festhalten, dass sehr viele indigene und/oder lokale Gemeinschaften, nicht-dualistische, pluriontologische oder relationale Ontologien/Kosmologien vertreten, innerhalb derer nur selten zwischen Natur und Mensch unterschieden wird.

> In sum, indigenous knowledge can be characterized by being holistic, embedded and bounded in the local and by the importance of the community and moral values. Such knowledge is not constructed on the basis of dichotomies and divisions. There is no separation between nature and culture, or between subject and object. Thus, there is a non-instrumental approach to nature. Also, there is no separation among the physical, spiritual, emotional and intellectual dimensions nor there is the notion of different fields of knowledge that resulted in the divisions among academic disciplines (Inoue & Moreira 2016, S. 12).

Ontologische Dimension von sozial-ökologischen Konflikten

„The growing visibility of struggles to defend mountains, landscapes, forests, territories and so forth by appealing to a relational (non-dualist) and pluri-ontological understanding of life is another manifestation of the OWW's crisis" (Escobar 2016b, S. 22). Von Seiten vieler indigener/lokaler Gemeinschaften und ihrer jeweiligen Sichtweise auf die Natur, drehen sich sozial-ökologische Konflikte nicht nur um Ressourcen und den Zugang zu Land, sondern um den Erhalt ihrer Welten, die von der OWW-Ontologie verdrängt und zerstört werden. Einerseits verweigert und negiert die OWW-Ontologie die (mögliche) Existenz anderer Welten – anderer Regime der Natur – indem nur die eigene Perspektive als zulässig erklärt wird. Andererseits würden alle anderen Welten durch die OWW-Ontologie zerstört – und zwar auf zweifache Art und Weise: Erstens zerstören die mit der dominanten Ontologie

19 Die Formulierung ‚we are the land and the land is us' scheint wiederum direkt an den Ausspruch der Maori „‚Ko au te awa, ko te awa ko au,' which translates to ‚I am the river and the river is me'" (Pecharroman 2018, S. 6), angelehnt.

einhergehenden Handlungsweisen ganze Ökosysteme (Welten) bzw. die Natur im Allgemeinen. Zweitens würden aber zugleich (entweder durch fortschreitende Zerstörung oder durch Vertreibung/Umsiedlung) auch die kulturellen Prozesse sowie die Lebensgrundlagen der Gemeinschaften, die in jenen Welten/Ökosystemen leben, mit denen sie auf vielfältige Art und Weise interagieren und verbunden sind und für deren Pflege/Schutz sie deshalb aufkommen, ebenfalls zerstört (Escobar 2016b). „The OWW, in short, denies the mangrove-world its possibility of existing as such" (Escobar 2016b, S. 19). Die kolumbianische Aktivistin und Wissenschaftlerin Patricia Botero Gómez, die sich ebenfalls auf afrokolumbianische sowie indigene kolumbianische Fischer*innen-Gemeinschaften bezieht, die in Mangrovenwäldern des San Jorge Flusses in Kolumbien leben, fasst das relationale Verständnis, das vielen Handlungsweisen dieser Gemeinschaften zugrunde liegt, noch etwas deutlicher und einfach verständlich zusammen: „As they [the fisherman and fisherwomen] say, they will continue to plant mangroves, because without mangroves there are no fish and without fish there are neither fishermen nor fisherwomen" (Botero 2019, S. 303).

Aus dieser Perspektive geht es bei einem Territorialkonflikt nicht nur um Zugang, Verteilung und/oder Schutz oder ‚Instandsetzung' der dort befindlichen ‚natürlichen Ressourcen', sondern um die Erhaltung ihrer Lebensweisen – ihres eigenen Lebens/Daseins (und das aller anderen Entitäten) in ihrer jeweiligen ‚Welt'. „Within relational worlds, the defense of territory, life, and the commons are one at the same" (Escobar 2016b, S. 20). Es geht um den Schutz und Erhalt der (sozial-ökologischen) Gemeinschaft und der Beziehungen zwischen Natur und Menschen. Durch die Zerstörung der Territorien auf denen indigene/lokale Gemeinschaften leben sowie durch deren Vertreibung und Umsiedlung können diese ihre jeweiligen kulturellen und identitätsbildenden Prozesse nicht mehr praktizieren und die Relationen nicht aufrechterhalten werden, wodurch wiederum sowohl ihre Kultur, ihre Vorstellung von der Natur als auch letztlich die Natur selbst massiv beeinträchtigt oder zerstört wird. Viele dieser kulturellen Prozesse – die auch als sozial-ökologische Interaktionen beschreibbar sind – sind sowohl für den Erhalt der Ökosysteme sowie auch für das Funktionieren bzw. den Erhalt jener kulturellen/spirituellen Praktiken, Traditionen und Verständnisse der Gemeinschaften von entscheidender Bedeutung (Escobar 1998, 2016a; Inoue & Moreira 2016; Whyte 2017; Whyte & Cuomo 2017). Diese kulturellen Prozesse, durch die Menschen fortlaufend ihre kollektiv geteilten kosmologischen Vorstellungen von der Natur sowie von sich als Menschen bzw. als Gemeinschaft konstruieren und (re-)produzieren und deshalb zugleich den Erhalt der Natur/Ökosysteme sowie ihrer Gemeinschaft sicherstellen, bedürften daher mindestens ebenso sehr Aufmerksamkeit und Schutz (Borrini-Feyerabend & Farvar 2019, S. 210; Escobar 2016a, S. 365, 2017).

> The struggles for and on territory and land as the base and place of identity, knowledge, being, spirituality, cosmo-vision-existence, and life, have long organized the collective insurgent praxis of ancestral peoples, identified as Indigenous, Afro-descendant, or Black, and sometimes as peasant or campesino (Walsh 2018, S. 35).

Bei vielen solcher Konflikte und der damit verbundenen Formen des Widerstands geht es für indigene/lokale Gemeinschaften darum, die kulturellen Prozesse und die Beziehungen zu der dortigen Natur sowie den auf diesen Territorien lebenden Entitäten – also ihre Welt und ihr Regime der Natur – aufrechterhalten, wiederherstellen und/oder fortführen zu können (Borrini-Feyerabend & Farvar 2019; Escobar 1999, 2016b, 2017; Whyte 2017; Whyte & Cuomo 2017).

> From this perspective, what occupies territories is a particular ontology, that of the universal world of individuals and markets (the OWW) that attempts to transform all other worlds into one. […] The struggle to maintain multiple worlds –the pluriverse—is best embodied by the Zapatista dictum, *un mundo donde quepan muchos mundos*, a world where many worlds fit (Escobar 2016b, S. 20).

So kann beispielsweise das Pflanzen von Mangrovenbäumen durch die genannten Fischergemeinschaften nicht nur als Schutz bzw. Reparatur des Ökosystems Mangrovenwald verstanden werden, sondern darüber hinaus ebenso auch als ein Prozess, der es den Menschen ermöglicht, die verlorenen gegangen bzw. zerstörten Beziehungen zu ihren Territorien, der dortigen Natur sowie den dortigen Lebewesen, Ahnen und heiligen Orten wiederaufzubauen und zu stärken (Whyte & Cuomo 2017, S. 241 f.). Mario Blaser, der sich ebenfalls auf indigene und ‚afrodescendant' Gemeinschaften in den Amerikas bezieht, gibt ein etwas drastischeres Beispiel für einen sozial-ökologischen Konflikt, wie er aus der Perspektive vieler indigener/lokaler Gemeinschaften wahrgenommen bzw. interpretiert wird:

> For example, from the perspective of a place-based collective to be offered a ‚compensation' for the future damming of a river might feel like someone

> coming to you and saying ‚we will kill your grandfather, but don't worry we will compensate you (Blaser 2019, S. 236).

An diesem Beispiel wird die tiefgreifende ‚spirituelle' Verbindung deutlich, die sehr viele indigene Gemeinschaften zu ihren Territorien oder einzelnen natürlichen Entitäten in der Natur innehaben und pflegen. Die Bereitschaft, bspw. für den Schutz eines Territoriums (oder Flusses) das eigene Leben zu riskieren (vgl. Escobar 2017) geht mit der Auffassung einher, dass ein ‚ancestral' Mandat jener indigener Gemeinschaften besteht, das sie dazu berechtigt und zugleich dazu verpflichtet, für den Schutz und Erhalt der sozial-ökologischen Gemeinschaft (zwischen Menschen, Natur und Ahnen) aufzukommen. Unter Bezugnahme auf das ‚First Stewards Symposium: Coastal Peoples Adress Climate Change' beschreiben Whyte und Cuomo (2017) die mit dieser Art von Verwaltung und Vertretung einhergehende Auffassung der Natur-Mensch-Beziehung wie folgt:

> Here stewardship does not express human exceptionalism or control over nature, as it typically does in other environmental discourses. Instead, it refers to acknowledgment of one's place in a web of interdependent relationships that create moral responsibilities, and it recognizes that there are methods and forms of expertise involved in carrying out such responsibilities (Whyte & Cuomo 2017, S. 6).

Wie Whyte, Cuomo oder auch Escobar hervorheben, ist eine solch relationale Vorstellung der Natur-Mensch(-Ahnen)-Beziehung nicht mit der Auffassung vergleichbar, dass Menschen die Welt bzw. ein bestimmtes Gebiet einfach besetzen bzw. ‚bewohnen', sondern aktiv an der Konstruktion und Reproduktion dieser Welt teilnehmen – neue Relationen zwischen Mensch und Natur aufspannen und an der Erschaffung der Welt mitwirken – das *Web of Life* mit-weben (Escobar 2017, S. 246 ff.; Whyte 2018, S. 225). „We necessarily cocreate the world with other (humans and nonhumans) with whom we live in coexistence" (Escobar 2018, S. 83).

Die Hybridisierung der Natur als ein möglicher Weg zur Dekolonisierung der Natur

Die Aufgabe einer anthropozentrischen Perspektive und die Akzeptanz – eine epistemologische und zugleich auch ontologische Parität – anderer Wissensweisen und relationaler bzw. pluri-ontologischer

Welt(sicht)en/Kosmologien sowie der Versuch, bspw. sozial-ökologische Konflikte (auch) aus einer solchen Perspektiven zu verstehen, stellt m.E. sodann die Möglichkeit dar, die Catherine Walsh als ‚to think from' (Walsh 2018, S. 20) beschreibt – eine Öffnung für andere Weltsichten, ohne sie dabei zu werten oder zu hierarchisieren. „Ontological openings allow us to approach other ways of understanding and feeling what is considered as the world in which we live" (Gudynas 2017, S. 91). Durch das Zusammenkommen verschiedener Regime von Natur, sofern dies auf gegenseitiger Akzeptanz, Anerkennung und Wertschätzung beruht (bspw. beim Zusammenkommen eines wissenschaftlich-technologischen und eines organischen Regimes, oder auch zwei verschiedener organischer Regime) entstünden hybride Formen/Regime von Natur (Escobar 1995, S. 219 f., 1999). „It is a way of crossing the boundary between the traditional and the modern and of using both local and transnational cultural resources to create unique collective identities" (Escobar 1999, S. 13). Wie Escobar oder auch Inoue und Moreira hervorheben, sollte keines der Regime bzw. Ontologien/Kosmologien als ein essentialistisches Konzept verstanden werden, die infolge ihrer Hybridisierung in einem neuen essentialistischen und universalistischen Konzept müden würden. Weder ontologische oder epistemologische Vorstellungen noch die hieraus resultierenden Welten bzw. Regime von Natur sind statisch, sondern befinden sich in einem ständigen Wandel – sie sind dynamisch (Escobar 1995; Inoue & Moreira 2016, S. 2, 8).

> Hybrid cultures are not about fixed identities, even if they entail a shifting between something that might be construed as a constant, long-standing presence (existing cultural practices) and something else construed as a transient, new, or incoming element (a transnational element or force) (Escobar 1995, S. 220 f.).

Ein solches (positiv konnotiertes) Verständnis von Hybridisierung (der Natur), eine (Wieder-)Errichtung vieler für sich bestehender (aber nicht voneinander isolierter) Welten als ein Pluriversum divergenter Regime der Natur – wobei die subalternen und unterdrückten Regime als die Wegweiser betrachtet werden und ‚*mit* ihnen gedacht wird' (Walsh 2018), legt m.E. den Grundstein dafür, selbst eine dekoloniale Haltung gegenüber der Natur entwickeln zu können. Eine solche Haltung ermöglicht ein (größeres) gegenseitiges Verständnis und schafft die Basis für Kommunikation und Dialog, ohne dass dabei die anderen Vorstellungen und Annahmen untergraben oder ausgeschlossen werden. Sie werden ernstgenommen und innerhalb der eigenen Perspektive stets berücksichtigt – es wird *von und mit ihnen* gedacht (Escobar 2010; Walsh 2018, S. 20). Eine Perspektive,

> [...] that builds on the struggles and knowledges of indigenous, peasants, ethnic and other subaltern groups to envision other ways of being with a multiplicity of living and non-living beings, human and not. Respecting the specificity of place-based cultures and peoples, it aims at thinking about the re/construction of local and regional worlds in more sustainable ways (Escobar 2010, S. 52).

Ziel sollte es somit sein, die unzähligen verschiedenen Regime der Natur wieder ‚aufleben zu lassen', indem wir beginnen, ihnen zuzuhören – denn sie sprechen, wir hören nur nicht zu – sie wertzuschätzen und uns mit ihnen intensiv auseinanderzusetzen, ihnen den für ihr Bestehen notwendigen Raum – geographisch, epistemologisch sowie ontologisch – einzuräumen und ihren Einladungen zu folgen, um unser eigenes dualistisches Regime von Natur kritisch reflektieren und ‚dekolonisieren' zu können (Gudynas 2017, S. 92; Inoue & Moreira 2016, S. 16).

> It is the current task to recover the plural character of this heritage, letting it ‚hybridise' in response to emergencies that are often contradictory and utopic. In this way, a path of reconciliation will be laid out, not only political, social and environmental, but also epistemological, between society and nature, between knowledge and respect for an ‚economy of nature' and the ethical imperatives of social organisation, in the form of a ‚moral economy' (to use 18th century terms) (Alimonda 2019, S. 137).

In diesem Sinne scheint es nun möglich, zwei Beispiele/Konzepte/Philosophien zu skizzieren, die eine solche Weltsicht und Perspektive auf die Natur vertreten und für den Fortbestand (oder das Wiederaufleben) ihrer sowie anderer Welten kämpfen.

Buen Vivir als lokales Beispiel für eine dekoloniale Perspektive auf Natur

Das wohl von beiden Theorieperspektiven zumeist herangezogene Beispiel, das als eine Alternative *zu* Entwicklung (Gudynas 2011) verstanden und zugleich auch in der Exteriorität des modernen/kolonialen kapitalistischen Weltsystems (bzw. in dessen Grenzen) verortet wird (Gudynas 2011; Vázquez 2012), ist die bereits erwähnte Philosophie/Konzeption von *Buen Vivir* (*Sumak Kawsay*), die sich seit 2008 in den Verfassungen von Ecuador (Buen Vivir bzw. Sumak Kawsay) sowie seit 2010 in der Verfassung von Bolivien (vivir bien bzw. *suma qamaña*) wiederfindet.[20] Bei der Buen Vivir Philosophie handelt es sich um ein lateinamerikanisches – vornehmlich aus der Anden- und Amazonasregion stammendes – Konzept, das von verschiedenen indigenen/lokalen Gemeinschaften (besonders von den *Aymara*, den *Quechua* sowie den *Kichwa*) zusammen mit Aktivist*innen, Wissenschaftler*innen und sozialen Bewegungen vornehmlich seit Beginn der 2000er Jahre (re-)konzipiert bzw. fortlaufend ausgearbeitet wird, wobei viele der enthaltenen Prinzipien und Denkweisen Teil jener lang bestehenden indigenen Philosophien, Kosmologien sowie Traditionen sind (Acosta 2016; Chuji, Rengifo & Gudynas 2019; Guardiola & García-Quero 2014; Gudynas 2011, 2012b, 2013; Mignolo 2011a; Vázquez 2012; Walsh 2010, 2018; Ziai 2015, 2016). „Buen vivir is an idea whose genealogy does not belong to the European tradition of thought. It is rooted in the indigenous cosmologies and traditions of thought of ‚Latin America', of Abya Yala" (Vázquez 2012, S. 1).[21] Im Falle von Buen Vivir kann zwar eigentlich nicht von einem einzelnen homogenen Konzept gesprochen werden, da viele verschiedene Konstruktionen und Vorstellung innerhalb dieser Philosophie vertreten werden.[22] „Among these are the Aymara's *suma qamaña*, the Bolivian Guarani's *ñande reko*, *sumak kawsay*, the Ecuadorian Kichwa's *allin kawsay*, and the Peruvian Quechua's *allin kawsay*" (Chuji, Rengifo & Gudynas 2019, S. 111). Diese Konzeptionen stehen jeweils für sich und sind durch ihren ortsbezogenen- und kulturellen Kontext prinzipiell nicht aufeinander übertragbar (Acosta 2017; Gudynas 2011).

> As an example, the *suma quamaña* position is only possible in the cultural and ecological landscapes of the Andes. There is no sense in trying to apply

---

20 An dieser Stelle ist anzumerken, dass in beiden Staaten allerdings große Unterschiede hinsichtlich Konzeption sowie der praktischen Umsetzung des Buen Vivir existieren (für eine kritische Betrachtung der jeweiligen Umsetzungsformen vgl. Chapron, Epstein & López-Bao 2019; Gudynas 2009, 2011; Pecharroman 2018, S. 10; Quintero 2013; Walsh 2010; Ziai 2015).

21 Abya Yala ist, in der Sprache der Kuna, die Bezeichnung für den amerikanischen Kontinent vor der Kolonisierung, der auch von vielen dekolonialen Autor*innen verwendet wird (vgl. Vázquez 2012, S. 1).

22 Buen Vivir ist darüber hinaus nicht mit den klassischen europäisch/westlichen Diskursen über das Gute Leben vergleichbar, weshalb Mignolo bspw. ‚to live in harmony' als eine adäquate Übersetzung hierfür vorschlägt (Mignolo 2011a, S. 307).

> the concept to other regions; other cultures will have to explore and build their own Buen Vivir (Gudynas 2011, S. 444).

Dennoch weisen sie so viele Überschneidungen und Parallelen auf, dass sie (nach Außen, also in englisch- sowie deutschsprachiger Literatur) häufig unter der Bezeichnung Buen Vivir zusammengefasst werden (Chuji, Rengifo & Gudynas 2019; Gudynas 2009, 2011, S. 444; Vázquez 2012). Die Philosophie von Buen Vivir wird darüber hinaus auch von vielen weiteren sozialen Bewegungen und Gemeinschaften weltweit als ein konkretes Beispiel betrachtet, das es möglich erscheinen lässt, lokale Alternativen zum modernen/kolonialen kapitalistischen Weltsystem bzw. zum klassischen Entwicklungsparadigma errichten zu können (Acosta 2009, S. 220; Cullinan 2019; Guardiola & García-Quero 2014; Gudynas 2009, 2011, 2013; Walsh 2010; Ziai 2016).

Eduardo Gudynas zufolge vertreten die unterschiedlichen Konzeptionen von Buen Vivir viele gemeinsame Standpunkte, wie es bspw. bei der sehr kritischen bis ablehnenden Haltung gegenüber dominanten Entwicklungskonzepten der Fall ist. In vielen Sprachen bzw. Weltsichten indigener Gemeinschaften aus der Anden- und Amazonasregion existiert kein Konzept von Entwicklung, das mit der westlichen Vorstellung vergleichbar ist, weshalb der Philosophie des Buen Vivir auch keine sozialevolutionäre und wachstumsbasierte Entwicklungsvorstellung unterliegt (Gudynas 2011, S. 442, 2013; Walsh 2010). Eine weitere und sehr bedeutende Gemeinsamkeit ist die nicht-anthropozentrische sowie nicht-dualistische Weltsicht, die sich mit dem Regime einer organischen Natur vergleichen lässt.

> It [Buen Vivir] moves away from the classical views of development as perpetual economic growth, linear progress, and anthropocentric, to focus on people's well-being in a broad sense that also includes their emotions and beliefs. The break with anthropocentrism makes it possible to recognise values intrinsic to the environment, do away with the society/Nature duality and reconfigure communities of political and moral agents (Gudynas 2013, S. 35).

Dieser zentrale Grundpfeiler der Buen Vivir Philosophie findet sich bspw. in Artikel 71 der ecuadorianischen Verfassung wieder, in dem die Rechte der Natur (Pacha Mama) festlegt sind.

> Nature, or Pacha Mama, where life is reproduced and occurs, has the right to integral respect for its existence and for the maintenance and regeneration of its life cycles, structure, functions and evolutionary processes. All

> persons, communities, peoples and nations can call upon public authorities to enforce the rights of nature. To enforce and interpret these rights, the principles set forth in the Constitution shall be observed, as appropriate. The State shall give incentives to natural persons and legal entities and to communities to protect nature and to promote respect for all the elements comprising an ecosystem (Republic of Ecuador 2008, Art. 71).

Der daran anschließende Artikel 72 gewährt der Natur zusätzlich das Recht auf Reparatur bzw. Wiederherstellung bereits verursachter Schäden sowie eine Minderung bzw. Vermeidung zukünftiger Schäden durch den Menschen (Republic of Ecuador 2008, Art. 72; Gudynas 2009; Walsh 2010). Hierdurch begründet sich zugleich eine starke normativ-ethische Grundhaltung gegenüber der Natur, die in all jenen indigenen/lokalen Ontologien/Kosmologien als integraler Bestandteil der Gesellschaft gedacht wird (Gudynas 2011, 2013; Walsh 2018). Die Natur (bzw. Pacha Mama) wird im Gegensatz zur dominanten eurozentrischen Konzeption *nicht* als mechanistische oder passive Einheit betrachtet, die von der menschlichen Gemeinschaft unabhängig bestehe und entsprechend ausgebeutet werden könne. Im Gegenteil, alle Bestandteile der Welt bzw. der Natur werden als lebende sowie sensitive Entitäten betrachtet, die einen Teil derselben Gemeinschaft bilden (Chuji, Rengifo & Gudynas 2019; Gudynas 2011, 2013; Pecharroman 2018, S. 6; Walsh 2010, 2018; Ziai 2015, S. 146, 2016, S. 70).

> Nature is a living being with intelligence, feelings, and spirituality of which humans are part. [...] Here nature is neither an object nor a use-based exploitable good controlled and dominated by humans; it is an integral part of life and society that cannot be divorced from women and men, from humanity and society (Walsh 2018, S. 65).

Natur und Mensch sind keine getrennten Teile, sondern bilden eine sozial-ökologische Gemeinschaft, die nur dann dauerhaft (nachhaltig) friedlich und harmonisch bestehen kann, wenn Alle ein Gutes Leben (Buen Vivir) führen bzw. gut leben (Vivir Bien) können. Mensch und Natur (sowie ‚Übernatürliches‘) werden als untrennbar miteinander verbundene Bestandteile gedacht, die dabei in ständiger Interaktion und Relation stehen und daher voneinander abhängig sind. Entwicklung dient in diesem Sinne nicht dazu, das eigene individuelle Leben zu verbessern oder materiellen Reichtum anzuhäufen, was letztlich immer mit der Zerstörung von Natur und damit mit einer Zerstörung der Gemeinschaft einhergeht. Entwicklung betrifft sowohl Mensch als auch Natur und da Menschen Teil der Natur sind, ist daher auch (menschliche)

Entwicklung zwingend immer in einen größeren ökologischen Kontext eingebettet und zielt darauf ab, ein Gutes Leben in Harmonie mit der Natur zu erreichen (Gudynas 2011; Pecharroman 2018, S. 6; Svampa 2013a).

> [T]he Buen Vivir philosophy is based on the idea that nature, community, and individuals all share the same material and spiritual dimensions.[...] Human beings are therefore part of nature and their quality of life depends on all the living things that share this planet with them (Guardiola & García-Quero 2014, S. 101).

Die Buen Vivir Philosophie ist somit nicht mit der anthropozentrischen und dualistischen Perspektive auf die Natur vergleichbar und gründet stattdessen auf einem stark verschränkten sozial-ökologischen Gerechtigkeitsanspruch, sowie auf einer biozentrischen oder holistischen Wertvorstellung,[23] in der Mensch und Natur als ein und dieselbe Gemeinschaft gedacht werden, in der grundsätzlich Allen dieselben Rechte zukommen (Alimonda 2019; Cullinan 2019; Escobar 2019; Gudynas 2013, S. 35; Walsh 2010, 2018).

> *Buen vivir* displaces the centrality of humans as the sole subject endowed with political representation and as the source of all valuation. This implies an ethical opening (by recognizing the intrinsic value of non-humans, and the rights of nature), as well as a political opening (the acceptance of non-human Subjects). [...]. *buen vivir* acknowledges extended communities made up of humans and non-humans, animals, plants, mountains, spirits, and so on, in specific territories – as with the Andean concept of *ayllu*, mixed socio-ecological communities rooted in a specific territory (Chuji, Rengifo & Gudynas 2019, S. 112).

Buen Vivir divergiert somit in vielen Aspekten stark von der dominanten OWW-Ontologie und ist nicht oder nur schwer mit der

---

23 Bezüglich der ethischen Positionen innerhalb der Buen Vivir Philosophie scheinen m.E. kleinere Differenzen zu bestehen. Teils wird die Ethik von Buen Vivir als biozentrisch, teils als holistisch bezeichnet. Diese Differenzen lassen sich m.E. vornehmlich durch die unterschiedliche Betrachtung der ontologischen Positionen – welche Entitäten in der Natur als lebend betrachtet – begründen. Während von wissenschaftlicher Seite meist biozentrische Positionen vertreten werden, lassen sich indigene Weltsichten, die sowohl, Tiere, Pflanzen, Materie und Geister als auch ganze Ökosysteme als lebende und fühlende Entitäten betrachten, als holistische Positionen beschreiben (vgl. Gudynas 2011; Inoue & Moreira 2016; Knauß 2018).

eurozentrischen und dualistischen Vorstellung von Natur und Gesellschaft vergleich- bzw. vereinbar (Gudynas 2012b, 2013; Mignolo 2011a).

> The notion of buen vivir challenges modernity's dichotomy between the human and nature, a dichotomy that has been central to subordinate and objectify nature for the sake of appropriation. [...] The notion of *buen vivir* and its philosophical configuration brings to question, on the one hand modernity's anthropocentrism and on the other modernity's dichotomic thinking (Vázquez 2012, S. 4).

Stattdessen inkludiert die Konzeption von Buen Vivir eine Vielzahl verschiedener Welten (Ontologien/Kosmologien), indem unterschiedliche kulturelle und/oder ortsbezogene Philosophien und Kosmologien verschiedener indigener/lokaler Gemeinschaften zusammengeführt und als ein interkultureller Ansatz vereint gedacht werden, ohne dass hierbei irgendeine der Positionen/Sichtweisen mehr oder weniger berücksichtigt wird (Gudynas 2011). Ein wichtiger Aspekt hierbei ist, dass die Buen Vivir Philosophie zwar zu großen Teilen auf alten Philosophien, Wissensweisen und Weltsichten indigener und meist marginalisierter/subalterner Gemeinschaften aufbaut und sich dadurch in der Exteriorität des modernen/kolonialen kapitalistischen Weltsystems befindet (Vázquez 2012), zugleich aber offen gegenüber anderen Weltsichten und Vorstellungen ist (Acosta 2009; Gudynas 2011; Chuji, Rengifo & Gudynas 2019, S. 112) und auch gewisse wissenschaftliche und technologische Errungenschaften nicht kategorisch abgelehnt werden (Gudynas 2011; Kothari et al. 2014, S. 367). Hierzu gehören bspw. Postdevelopment-Perspektiven, ökofeministische Positionen, dekoloniale Perspektiven sowie starke ethische Positionen, wie bspw. die Tiefenökologie (Chuji, Rengifo & Gudynas 2019; Gudynas 2011, S. 444 f., 2013, S. 32). „It must necessarily be plural as it encompasses positions that question modernity while opening up other ways of thinking, feeling, and being – other ontologies – rooted in specific histories, territories, cultures, and ecologies" (Chuji, Rengifo & Gudynas 2019, S. 113).

Die Konzeption des Buen Vivir entspricht somit einer Hybridisierung unterschiedlicher Naturregime, indem sowohl verschiedene indigene als auch nicht-indigene Verständnisse von Natur vereint gedacht werden (Chuji, Rengifo & Gudynas 2019; Escobar 1999; Gudynas 2011, S. 44). „It is a plural category under construction that takes specific forms in different places and regions. It is heterodox in that it hybridizes indigenous elements with internal critiques of modernity" (Chuji, Rengifo & Gudynas 2019, S. 111). Buen Vivir stellt somit nicht nur das Konzept von Entwicklung infrage, sondern kritisiert zugleich die zentralen Grundsätze von Modernität/Kolonialität als eine anthropozentrische und dualistische Ontologie. „Buen Vivir offers a common ground where critical perspectives on development, originated from different ontologies, meet and interact, is a new space for dealing with other alternate ontologies" (Gudynas 2011, S. 447). Catherine Walsh zufolge sei das Konzept von Buen Vivir daher eine Form des ‚to think from and with' und könne somit als ein theoretisches sowie praktisches Beispiel für Dekolonialität bzw. eine dekoloniale Haltung verstanden werden (Walsh 2018, S. 65).

Derlei Ontologien/Kosmologien einer organischen Natur sowie die damit verbundenen (ethischen) Grundhaltungen gegenüber der Natur und nichtmenschlichen Entitäten, finden sich neben der Buen Vivir Philosophie auch in zahlreichen weiteren indigenen/lokalen Gemeinschaften und Philosophien auf der ganzen Welt wieder. „Indigenous peoples´ environmental movements almost always express normative philosophies of how humans should relate to other humans and non-humans" (Whyte & Cuomo 2017, S. 238). Diesbezüglich ist – erfreulicher Weise – zu erwähnen, dass die Verfassungen Ecuadors und Boliviens keine Einzelfälle sind. Neben diesen beiden Beispielen, die jeweils – wenn auch nicht in derselben Weise – der gesamten Natur (bzw. Erde) einen Eigenwert zusprechen und diese als Rechtssubjekte betrachten, finden sich zahlreiche weitere Fälle, in denen derlei Rechte auch auf Flüsse, Berge, Gletscher, Tier- und Pflanzenarten, Ökosysteme und weitere natürliche Entitäten, Kollektive oder Systeme übertragen werden (Chapron, Epstein & López-Bao 2019). Bereits im Jahr 2006 fällte der Bundesstaat Pennsylvania in den USA eine ähnliche Entscheidung und stellt somit den ersten (durch ein offizielles Gericht anerkannten) Fall dar, in dem Teile der Natur (und das umliegende Ökosystem) als Rechtssubjekte betrachtet wurden allerdings in einem weit weniger umfassenden Rahmen, als es in bspw. in Ecuador der Fall ist (Pecharroman 2018). Kolumbien wiederum betrachtet bspw. seit 2016 den *Atrato* Fluss sowie eine Hochebene von Pisba und seit 2018 den *Amazonas* als Rechtssubjekte (Chapron, Epstein & López-Bao 2019; Pecharroman 2018, S. 8). Neuseeland erkennt auf Drängen der Maori seit 2017 den *Whanganui* Fluss sowie den *Te Urewera* Nationalpark ebenfalls als Rechtssubjekte an (Chapron, Epstein & López-Bao 2019; Cullinan 2019; Eisenstein 2019, S. 159; Kothari 2014, S. 8; Knauß 2018;

Pecharroman 2018, S. 7). Das Gericht von Uttarakhand in Indien betrachtet seit 2017 den *Ganges* und den *Yamuna* sowie die Gletscherregionen *Gangotri* und *Yamunotri*, in denen diese Flüsse entspringen, als lebende und juristische Entitäten mit eigenen Rechten und Pflichten.[24] 2018 erklärte dasselbe Gericht, die gesamte Tierwelt als Entitäten mit eigenen Rechten und Pflichten, die denen der dortigen (menschlichen) Bevölkerung entsprechen (Chapron, Epstein & López-Bao 2019; Cullinan 2019, S. 244 f.; Knauß 2018; Pecharroman 2018, S. 7). Bangladesch arbeitet seit 2019 ein Gesetz aus, das ein solches Recht für alle Flüsse im Land umfassen soll. Die Stadt Toledo in Ohio verlieh im Februar 2019 dem Fluss Erie Bill den Status eines Rechtssubjekts, was damit den ersten Fall in den USA darstellt, bei dem einem spezifischen Ökosystem entsprechende Rechte zugesprochen werden. Die Stadt Nottingham in New Hampshire brachte einen Monat später ein Gesetz auf den Weg, dass die Rechte der Natur berücksichtigen soll. Wiederum im Juni 2019 erkannte Uganda ebenfalls das Recht der Natur, zu bestehen, sich zu entwickeln und sich zu regenerieren, an (GARN 2020b). Weitere Fälle lassen sich in Kalifornien, Oregon, Colorado, Pennsylvania, Maryland sowie auch in Nepal, Ghana und Australien wiederfinden (Margil 2015, S. 16). Das Beispiel von Buen Vivir in Ecuador und Bolivien stellt, auch wenn es durch die Verankerung in den Verfassungen die weitreichendste und konkreteste Konzeption sind, somit keinesfalls mehr eine Ausnahme von der Regel dar.

Weitere (nicht gesetzlich verankerte) Philosophien/Konzeptionen, die eine sehr ähnliche Perspektive auf Natur sowie die Natur-Mensch-Beziehung erkennen lassen, hier allerdings nicht betrachtet werden können, sind beispielsweise *Ecological-Swaraj* aus Indien (Kothari 2018; Kothari et al. 2014; Kothari et al. 2018), *Ubuntu* aus Zentral- und Südafrika (Matthews 2004; Ziai 2015, 2016), diverse Kosmologien und Lebensweisen, wie die der Aborigines in Australien (Plumwood 2002), der Maori in Neuseeland (Pecharroman 2018, S. 6), der First Nations in Nordamerika (Whyte 2017, 2018; Whyte & Cuomo 2017), der *Penans* auf Borneo (Borrini-Feyerabend & Farvar 2019; Shiva 2010), sowie unzähliger weiterer Gemeinschaften weltweit (vgl. auch Descola 1996; Escobar 2017). Da eine Betrachtung jener Konzepte (sowie auch eine detaillierte Darstellung der Buen Vivir Philosophie) ohne Probleme

24 Die Entscheidung, die Flüsse als Rechtssubjekte anzuerkennen, wird allerdings, mit der Begründung, Flüsse könnten keine lebenden Personen sein, vom obersten indischen Gericht nicht anerkannt (Pecharroman 2018, S. 9).

jeweils in einer separat für sich stehenden Arbeit geleistet werden könnte (und sollte), möchte ich stattdessen ein global ausgerichtetes Konzept bzw. eine Bewegung skizzieren, die m.E. viele dieser Philosophien speziell hinsichtlich ihrer Perspektiven auf (den Wert von) Natur sowie auf die Natur-Mensch-Beziehung vereint zu denken versucht und auch von dekolonialen sowie Postdevelopment-Vertreter*innen häufig aufgegriffen wird.

Rights of Nature als ein globales Beispiel einer dekolonialen Perspektive auf Natur

> Another very important area of discussion debate and activism in South America, linked to BV, is that of the Rights of Nature. Together, BV and the Rights of Nature have re-opened the crucial debate on how do Latin Americans want to go on living. The rights of nature movement is thus at the same time a movement for the right to exist differently, to construct worlds and knowledges otherwise (e.g., Gudynas 2014) (Escobar 2016b, S. 26).

Die sog. *Rights of Nature* oder *Rights of Mother Earth* Bewegung – sowie deren wohl bekannteste und mitgliederreichste Vertretung, die *Global Alliance for the Rights of Nature* (GARN) – ist eine noch relativ junge – offiziell seit 2010 bestehende – global ausgerichtete und ebenfalls stark von indigenen Philosophien, Ontologien/Kosmologien und Naturauffassungen beeinflusste Vereinigung zwischen diversen indigenen/lokalen Gemeinschaften, Grassroots-Bewegungen sowie einzelnen Wissenschaftler*innen, Aktivist*innen, Politiker*innen und vielen weiteren Menschen, die sich für die Stärkung intrinsischer Naturrechte einsetzen (Chapron, Epstein & López-Bao 2019; Cullinan 2019; Escobar 2017, 2019, S. 123; Gudynas 2013, S. 34; Seed 2019).

> The Earth Rights Declaration recognises that Earth is an indivisible, living community of interrelated and interdependent beings with inherent rights, and defines fundamental human responsibilities in relation to other beings and to the community as whole. […] The Earth Rights Declaration recognises that all natural entities which exist as part of Mother Earth, including plants, animals, rivers and ecosystems, are subjects who have the inherent and inalienable right to exist and to play their role within the community of beings (Cullinan 2020).

Zwar stellt die Anerkennung von Naturrechten in nahezu allen traditionellen/indigenen Gemeinschaften eine seit Jahrhunderten bekannte und gängige Praxis dar, doch werden in dieser relativ jungen Bewegung verschiedene traditionelle, indigene und lokale Kosmologien/Ontologien, neuere naturwissenschaftliche Ontologien und deren Einsichten (bspw. aus der (Quanten-)Physik, Biologie oder Ökologie) sowie juristische bzw. rechtswissenschaftliche Positionen aus der ganzen Welt zusammengeführt und vereint gedacht bzw. zu gleichen Teilen berücksichtigt (Cullinan 2019, S. 245), was wiederum ebenfalls einer Hybridisierung verschiedener Naturregime entspricht und als ein Prozess des Border Thinking verstanden werden kann (Knauß 2018).

Kern des Konzepts ist die Idee bzw. Auffassung, dass die Natur einen intrinsischen Wert (Eigenwert) besitzt oder der Natur ein solcher Wert zugesprochen werden kann (Chapron, Epstein & López-Bao 2019; Thomay 2020).

> Advocates of Nature Rights, also known as the rights of Mother Earth, argue that [...] legal systems must recognize that all aspects of nature are legal subjects that have inherent rights, and must uphold those rights. The legal recognition of Nature Rights both contextualizes human rights as a species-specific articulation of Nature Rights since people are part of nature and creates duties on human beings and juristic persons to respect Nature Rights (Cullinan 2019, S. 244).

Wie bereits im Konzept von Buen Vivir kommt somit auch im Konzept der Rights of Nature – der Name deutet es bereits an – der Natur im Gesamten und folglich auch allen Entitäten in der Natur (allen belebten sowie unbelebten Entitäten) derselbe oder ein sehr ähnlicher (axiologischer) Wert und somit auch dieselben (juristischen) Rechte zu, wie es für Menschen (bzw. juristische Personen) der Fall ist. Natur- und Menschenrechte müssen – wie Cullinan betont – zu gleichen Teilen berücksichtigt werden.

> Human rights, such as the rights to water and to life, are empty political promises unless we honour our duty to respect and protect the whole hydrological cycle, including the rights of rivers to flow, and of the forest to grow (Cullinan 2020).

Um das Selbstverständnis und die Motivation der Rights of Nature Bewegung noch etwas besser zu verdeutlichen, scheint es angesichts bisheriger Ausführungen sinnvoll, im lateinamerikanischen Kontext zu verbleiben und auf die bereits erwähnte *Yasuní-ITT-Initiative* zurückzukommen (für eine ausführlicher Beschreibung siehe die Beiträge von Acosta und Gudynas). Die von indigenen und lokalen Gemeinschaften in Ecuador ausgehende Yasuní Ishpingo Tambococha Tiputini

Initiative setzte sich zum Ziel, auf Basis der ecuadorianischen Verfassung und des Rechtsanspruchs von Pacha Mama (Artikel 71), die Ölbohrungen im Yasuní-Biosphärenreservat – einem der Artenreichsten Gebiete des Planeten – zu stoppen sowie die Reparatur/Instandsetzung von bereits zerstörten Gebieten zu stärken (Artikel 72) (Acosta 2013a; Mignolo 2018). Diese Forderungen wurden nach Amtsantritt des ersten indigenen Präsidenten Correa – erfreulicher Weise – zunächst auch von der Regierungsebene Ecuadors übernommen, wobei sich die Regierung an die internationale Gemeinschaft wandte und um eine finanzielle Unterstützung in Form von Ausgleichszahlungen bat, um auf die geplanten Einnahmen durch die Vergabe von Förderlizenzen für dortige Bohrungsvorhaben zu verzichten (Acosta 2013a; Svampa 2013a). Diese durchaus unkonventionelle Idee der ecuadorianischen Regierung erfuhr entgegen aller Erwartungen auch über die nationalen Landesgrenzen hinaus sowohl zivilgesellschaftlich als auch politisch großen Anklang. Die Idee reichte selbst bis in den politischen Diskurs nach Deutschland, wobei sich Vertreter*innen aller Fraktionen des deutschen Bundestages im Jahr 2008 für eine Unterstützung der Initiative aussprachen. Nachdem sich der 2009 neu ins Amt gekommene Minister für wirtschaftliche Zusammenarbeit und Entwicklung in Deutschland (Dirk Niebel) allerdings kurzfristig gegen eine weitere Unterstützung aussprach, sagten daraufhin viele weitere potenzielle internationale Geldgeber ab, die eine deutsche Beteiligung als Voraussetzung für eine Teilnahme ihrerseits betrachteten. In der Folge blieben 2011 von den geschätzten 116 Millionen US-Dollar noch etwa 2,5% übrig (Acosta 2013a). Nachdem sich keine neuen Geldgeber fanden, entschied sich die ecuadorianische Regierung im Jahr 2013 dazu, die Lizenzen zu verteilen und mit der Förderung zu beginnen. Zum Vergleich: Der geschätzte Wert der Ölreserven im Yasuní-Reservat beläuft sich in etwa auf 3-3,6 Milliarden US-Dollar (Acosta 2013a; Knauß 2018). Viele der lokalen und indigenen Gemeinschaften, die in oder um das Yasuní-Reservat leben sowie mit diesen Gemeinschaften verbundene Aktivist*innen und Wissenschaftler*innen kritisierten das Vorgehen der Regierung als Verfassungsbruch und Missbrauch der Buen Vivir Philosophie (Acosta 2013a; Ziai 2016).

Unter anderem motiviert durch diesen (zunächst begrüßenswerten und letztlich dennoch) gescheiterten Vorschlag der ecuadorianischen Regierung sowie unzähliger weiterer Fälle weltweit – dies gilt ebenso für die bolivianische Regierung als auch für Staaten in denen keine derartigen Naturrechte bestehen bzw. in denen nicht gegen ein solches

Verfassungsrecht verstoßen wurde – gründeten Naturrechts- und Umweltaktivist*innen, Wissenschaftler*innen sowie Mitglieder und Vertreter*innen von lokalen und indigenen Gemeinschaften auf Vorschlag von Alberto Acosta das *International Tribunal on the Rights of Nature*, das zum ersten Mal unter der Leitung von Vandana Shiva im Jahr 2014 in Quito (Ecuador) tagte (Cullinan 2020). Neben mehreren kleinen Treffen fanden die Tagungen des Tribunals, deren Präsidialmitglieder*innen u.a. die hier zitierten Autor*innen Boaventura de Ramiro Ávila Sousa Santos, Maristella Svampa, Edgardo Lander, Alberto Acosta und Cormac Cullinan waren, in Peru, Chile, Frankreich und Deutschland statt (Ávila-Santamaría 2019; GARN 2020a, 2020c).

Wie im Falle des Artikels 71 der Verfassung von Ecuador besteht auch beim International Tribunal of Rights of Nature die Möglichkeit, ein Vergehen/Verbrechen gegen die Rechte der Natur vor dem Tribunal/Gericht vorzubringen. Nach einer Prüfung der Anklage durch die (jeweils für ein Jahr gewählten) Richter*innen wird der entsprechende Fall, sofern ein Verstoß gegen die Rechte der Natur bzw. eines Ökosystems vorliegt, vor dem Tribunal verhandelt (Cullinan 2020). Grundsätzliches Prinzip hierbei ist eine *advokatische* Stellvertretung der Natur durch Menschen, die mit den Entitäten, Ökosystemen oder Territorien bzw. der Natur entsprechend eng (spirituell, emotional, geographisch, physisch etc.) verbunden sind und daher von und mit ihnen denken/fühlen und vor dem Tribunal für die Natur sprechen. In diesem Sinne berücksichtigt das International Tribunal of Rights of Nature nicht (nur) die Klagen indigener/lokaler Gemeinschaften, sondern vornehmlich (auch) die der Natur selbst, indem ihr die Möglichkeit eröffnet wird, ihre Kritiken und Anklagen (durch ihre jeweiligen Stellvertreter*innen) vorzubringen (Ávila-Santamaría 2019; Cullinan 2020; GARN 2020a).

So wurden in den bisherigen Tagungen des Tribunals bspw. die Stimmen und Anklagen des von British Petroleum (BP) ausgebeuteten und verpesteten Golfs von Mexiko, das sterbende Great Barrier Reef in Australien, der durch Fracking vergiftete US-amerikanische Boden, der durch die Conga-Cajamarca-Mine aufgebrochene Boden in Peru, der ebenfalls durch Mienen aufgebrochene Boden des Condor Mirador Parks aus Ecuador, der durch den Belo Monte Damm zerstörte Rio Xingu in Brasilien sowie viele weitere Stimmen/Anklagen von Ökosystemen/Teilen der Natur angehört – die jeweils von Menschen vorgetragen wurden, die in/auf/mit diesen Gebieten leben, von ihnen abhängig sind, sie pflegen und tief mit ihnen verbunden sind (Ávila-Santamaría 2019, S. 321; GARN 2020a; Pecharroman 2018). Nachdem die ecuadorianische Yasuní-ITT-Initiative auf (nationaler bzw. internationaler) politischer Ebene scheiterte, brachten die indigenen und lokalen Gemeinschaften, die in und um das Reservat verteilt leben, ihren Fall im Jahr 2014 ebenfalls vor das Tribunal, der im darauffolgenden Jahr unter dem Vorsitz von Alberto Acosta angehört und verhandelt wurde (Ávila-Santamaría 2019; GARN 2020a). „And thus Yasuní gains voice through humans who know it and feel with it. Human persons speak on behalf of forests, rivers, dolphins, toads, and insects, and the voices of indigenous peoples are ever present" (Ávila-Santamaría 2019, S. 321).

Die verschiedenen Perspektiven auf und Herangehensweisen an den sozial-ökologischen Konflikt bezüglich des Yasuní-Biosphärenreservats, verdeutlichen die fundamentale Differenz, wenn ein solcher Konflikt, wie auf nationaler/internationaler Ebene auf Basis einer OWW-Ontologie, oder wie im Falle des Tribunal of Rights of Nature, auf Basis einer relationalen/nicht-dualistischen Ontologie sowie der damit verbundenen ethisch-moralischen Grundhaltung gegenüber der Natur, zu ‚bearbeiten' versucht wird (Cullinan 2019, S. 246). „It [The Tribunal of Rights of Nature] articulates an integral worldview to replace the dissociated, exploitative worldviews of most contemporary cultures and shows how different the outcomes would be if our governance systems reflected this worldview" (Cullinan 2020). Die bisher vor dem Tribunal verhandelten Fälle, die nahezu ausschließlich von lokalen und indigenen Gemeinschaften vorgetragen wurden, machen darüber hinaus deutlich, dass jene Gemeinschaften überall auf der Welt den gleichen Kampf austragen und dies deshalb als ein globales Problem verstanden werden muss (Cullinan 2020).

Zusammenfassende Gegenüberstellung beider Konzepte

Wie auch ohne eine systematische Analyse beider Konzepte deutlich zu machen versucht wurde, zeigen sich bezüglich Buen Vivir sowie der Rights of Nature Bewegung zwei zentrale Gemeinsamkeiten:

Erstens bauen beide Konzeptionen auf teils sehr alten indigenen Ontologien/Kosmologien sowie Regimen einer organischen Natur auf, wobei zugleich auch ‚moderne/westliche' naturwissenschaftliche, rechtswissenschaftliche und philosophische Positionen einbezogen und berücksichtigt werden. Es besteht somit eine grundsätzliche Offenheit gegenüber anderen Ontologien und Kosmologien, solange diese keinen universalistischen Standpunkt vertreten und auch all jene anderen

Epistemologien und Ontologien/Kosmologien anerkennen. Dieses Zusammenkommen verschiedener und teils sehr divergenter Weltsichten, die zu gleichen Teilen berücksichtigt werden, entspricht m.E. klar einer Hybridisierung der Naturregime. Diesbezüglich scheint es plausibel und gewinnbringend, die Einsichten des deutschen Philosophen Stefan Knauß (2018) heranzuziehen. Zwar bezieht sich Knauß in seinen Argumenten auf die genannten Fälle des Whanganui Flusses in Neuseeland, auf die Gangotri und Yamunotri Gletscherregionen in Indien sowie auf die Verfassung Ecuadors, doch scheinen mir seine Einsichten ohne größere Probleme auf die gesamte Thematik der Rights of Nature Konzeption übertragbar. Auch Knauß erachtet die ‚hybride Verbindung zwischen indigenen und modernen Konzeptionen von Natur sowie den damit verbundenen Rechtsvorstellungen als eine spezielle und innovative Reaktion auf die Fragen des Anthropozäns' (Knauß 2018, S. 710). Wie Knauß darüber hinaus argumentiert, können derlei Naturrechtskonzepte, indem sowohl indigene als und nicht-indigene (westliche) Vorstellungen zu gleichen Teilen berücksichtigt werden – als eine Form des *border thinking* betrachtet werden (Knauß 2018, S. 715). Seiner Ansicht nach sind indigene/lokale/traditionelle Naturvorstellungen und deren meist holistische Naturrechtskonzeptionen zwar lang bestehende Institutionen innerhalb dieser Gesellschaften. Andererseits ist aber die Idee von individuellen und unveräußerlichen Rechten im juristischen Sinne – wie bspw. bei der Idee der Menschenrechte – eine der „most powerful normative language[s] of Western modernity" (Knauß 2018, S. 705). Indem die Richter*innen – Knauß bezieht sich hierbei auf die Gerichtsentscheidungen in Uttarakhand (Indien) – sich bei ihren Entscheidungen zu gleichen Teilen auf ontologische/kosmologische (er bezeichnet diese als religiöse) sowie auch auf natur- und rechtswissenschaftliche Perspektiven und Argumente beriefen und keinen Unterschied in deren Gewichtung vornahmen, sei durch diese Form des border thinking ein hybrides Verständnis von Natur ermöglicht worden, wobei speziell die Perspektiven indigener/lokaler Gemeinschaften berücksichtigt wurden (Knauß 2018, S. 715 f.).

Eine zweite wichtige Gemeinsamkeit beider Konzeptionen zeigt sich wiederum in der sehr klaren und strikten ethisch-normativen Position/Haltung gegenüber der Natur bzw. gegenüber nichtmenschlichen Entitäten (Escobar 2019, S. 123; Grzybowski 2019; Gudynas 2009, 2013; Kothari et al. 2014; Rozzi 2012, 2015). „A decolonial environmentalism [...] insists that our way of life is a deeply ethical matter" (Gallegos 2015, S. 40). Innerhalb indigener/lokaler Gemeinschaften bzw. einhergehend mit deren relationalen/nicht-dualistischen Ontologien wird zumeist nicht zwischen menschlichen und nicht-menschlichen Mitgliedern der Gesellschaft, Gemeinschaft oder Familie differenziert, weshalb deren Gesellschaftskonzeptionen sowie die damit verbundenen ethischen Grundprinzipien sozialen Zusammenlebens nicht mit einer westlich-anthropozentrischen Vorstellung von Gesellschaft oder Ethik vergleichbar sind. Alle Entitäten in der Natur werden als (lebende, sensitive und aktive) Mitglieder der Gemeinschaft/Familie betrachtet, die durch ihre gemeinsamen Interaktionen und Relationen mit- und untereinander diese Gemeinschaft überhaupt erst bilden. Viele Autor*innen beschreiben die vielseitige und tiefe Verbundenheit indigener/lokaler Gesellschaften mit ihren Territorien und der dortigen Natur sowie die hiermit verbundenen Ethikverständnisse von derlei sozial-ökologischen Gemeinschaften auch als *biokulturelle/biozentrische* oder *holistische* Ethiken (Grzybowski 2019; Gudynas 2009, 2012b, 2017; Kothari et al. 2019; Rozzi 2012, 2015).

Ricardo Rozzi verdeutlicht das relationale Grundverständnis biokultureller Ethiken mithilfe der ‚3Hs'. „A basic principle of the biocultural ethic is that life *habits* are interrelated with the communities of *co-inhabitants* and their *habitats*" (Rozzi 2015, S. 89). Etwas ausführlicher formuliert meint Rozzi, dass menschliche wie nicht-menschliche Wesen, die gemeinsam in demselben Territorium (Habitat) leben, sich durch die verschiedenen Relationen und Interaktionen innerhalb ihrer sozial-ökologischen Gemeinschaft gegenseitig beeinflussen (und entsprechend sozialisieren/prägen). Aufbauend auf diesen interaktiv sowie diskursiv konstruierten Deutungsmustern und Strukturen kollektiven Handelns (life habits) beeinflussen die Menschen gemeinsam mit den nicht-menschlichen Mitgliedern der Gemeinschaft (co-inhabitants) wiederum auch reziprok das Territorium (habitat) auf dem sie leben (Rozzi 2012, 2015). Alle Bestandteile werden als Mitglieder gedacht die gemeinsam an der der Konstruktion, Pflege und Reproduktion ihrer Welt/Gemeinschaft teilhaben/partizipieren. Sie übernehmen die gemeinsame Verwaltung (Stewardship) ihrer Gemeinschaft sowie ihres Territoriums. Wie erläutert, werden derlei Interaktionen bzw. kulturellen Prozesse durch die Umsiedlung und Vertreibung indigener/lokaler Gemeinschaften von ihren Territorien unterbrochen, wodurch einerseits die sozial-ökologischen Gemeinschaften sowie andererseits auch die Territorien zerstört werden, da die Gemeinschaften ihrer gemeinsamen Funktion und Rolle als Stewards nicht mehr nachkommen können (Rozzi 2015). Diese Prozesse gelte es, wie Escobar, Whyte, Rozzi und viele andere Autor*innen argumentieren, dringend zu berücksichtigen und zu erhalten. „Biocultural ethics demands that the systemic understanding about the biophysical, linguistic, economic, and political interrelationships embedded in the identity of the inhabitants, their habits, and their regional habitats be recovered" (Rozzi 2012, S. 38). Biokulturelle, biozentrische oder holistische Ethikpositionen – wie sie bspw. Buen Vivir sowie der Rights of Nature Konzeption unterliegen – stellen somit explizit die Verbindung von Natur und Mensch – als zwei integrale und voneinander abhängige Bestandteile – in den Vordergrund. „Biocultural ethics emphasizes that to achieve equity and sustainability we have to [...] overcome the colonial anthropocentrism by regaining a perspective of co-inhabitation that integrates the well-being of both human and other-than-human beings" (Rozzi 2012, S. 46).

Wie Rozzi (2012, 2015), Gallegos (2015), Escobar (2016b, 2018), Grzybowski (2019), Vermeylen (2019) sowie viele weitere Autor*innen betonen, sei eine konsequente Berücksichtigung und differenzierte Betrachtung von Konflikten über soziale Gerechtigkeit (Zugang zu Land/Territorien und ‚natürlichen Ressourcen', das Recht auf eine selbstbestimmte Lebensweise, etc.) die zentrale Voraussetzung, um eine ökologische Gerechtigkeit erreichen zu können und vice versa.

Wie bei der skizzenhaften Betrachtung von sozial-ökologischen Konflikten über den Zugang zu Territorien sowie dortigen Ressourcen deutlich wurde, sehen viele indigene/lokale Gemeinschaften keinen Unterschied zwischen sozialen und ökologischen Konflikten – sie werden nicht dualistisch, sondern als eine Dimension betrachtet. „Amerindian indigenous epistemologies and cosmologies that for the last three to four thousand years have not distinguished between the human and the non-human and have not erected species hierarchies" (Mendoza 2018, S. 114). Dies gilt, wie Ubuntu, Eco-Swaraj und weitere Konzeptionen aufzeigen, auch über den geographischen Raum der Amerikas hinaus. Aus Perspektive all dieser haben alle Teile einer sozial-ökologischen Gemeinschaft denselben Wert, dieselben Rechte und teilweise auch dieselben Pflichten, die Gemeinschaft sowie das Territorium zu pflegen und zu schützen, da sonst weder die Gemeinschaft noch das Territorium/Ökosystem auf/in dem sie leben, dauerhaft (nachhaltig) bestehen können. Diese Art eines kollektiven Stewardship über ein Territorium sowie über die dort lebende sozial-ökologische Gemeinschaft ist eines der zentralen Kernprinzipien von Buen Vivir, Rights of Nature, sowie ihrer biokulturellen/biozentrischen und/oder holistischen Ethikpositionen (Gudynas 2013, 2017; Inoue & Moreira 2016; Knauß 2018;

Mignolo 2011a; Pecharroman 2018). Nur wenn alle Entitäten, die gleichen Rechte haben und selbstbestimmt in Harmonie und Gemeinschaft miteinander leben können, ist auch ein Gutes Leben für jeden einzelnen (individuellen) Teil dieser Gemeinschaft/Gesellschaft möglich – egal ob Mensch oder nicht. „Such narratives can help us configure nature as a realm of others who are independent centres of value and need that demand from us various kinds of response, especially ethical responses of attention, consideration and concern" (Plumwood 2002, S. 21).

Indigene und ortsbasierte/lokale Gemeinschaften sollten somit aufgrund ihrer zwar leicht voneinander divergierenden aber nahezu immer organischen Naturregime, ihrer normativen/ethischen Haltungen/Einstellungen gegenüber der Natur sowie aufgrund ihrer damit verbundenen und über Jahrhunderte hinweg entwickelten und aufrechterhaltenen Wissensweisen und Praktiken als die eigentlichen Expert*innen hinsichtlich Pflege, Schutz und Erhalt ihrer sozial-ökologischen Gemeinschaften und ihres Territoriums betrachtet werden. Darüber hinaus sind diese sozial-ökologischen Gemeinschaften und ihre jeweiligen Wissensweisen unterschiedlich aufgebaut. Eine sozial-ökologische Gemeinschaft, die bspw. in oder am Rande einer Wüste oder in der Arktis lebt, ist allein aufgrund der jeweils vorkommenden Arten (Gesellschaftsmitgliedern) oder aufgrund der klimatischen Gegebenheiten in diesen Ökosystemen nicht bzw. nur schwer mit einer in oder am Rande eines Regenwalds lebenden Gemeinschaft vergleichbar, auch wenn beide das Regime einer organischen Natur vertreten (Escobar 1999, 2016b). Sie vertreten aber nicht nur (leicht) voneinander divergierende Naturregime, sondern besitzen vor allem aufbauend hierauf auch sehr spezifische Wissensweisen/Expertisen über ihre eigene sozial-ökologische Gemeinschaft sowie das Territorium/Ökosystem, auf/in dem sie leben. Diese von Gemeinschaft zu Gemeinschaft, Region zu Region, und Ökosystem zu Ökosystem divergierenden Naturregime sowie die darauf aufbauenden Wissensweisen, Lebensweisen und Praktiken gilt es somit nicht nur anzuerkennen und wertzuschätzen, sondern zu erhalten, zu fördern und als die eigentlichen Vorbilder von Nachhaltigkeit und Naturschutz anzuerkennen, von denen wir – die Gesellschaften des Nordens – noch sehr viel lernen können. Wir leben alle auf demselben Planeten, doch sollten wir auch anerkennen, dass wir zugleich in vielen verschiedenen Welten leben und wir jeweils unterschiedliches Wissen über unsere eigenen Welten haben – und dies auch benötigen. „The recognition of plural ontologies and epistemologies is a prerequisite for environmental justice to be transformative" (Vermeylen 2019, S. 89).

Andersherum formuliert lässt sich allerdings zugleich festhalten, dass wir zwar in vielen verschiedenen Welten und unterschiedlich aufgebauten sozial-ökologischen Gemeinschaften leben, doch müssen diese Gemeinschaften und Welten auch untereinander harmonieren und friedlich miteinander (nicht isoliert für sich!) auf diesem Planeten bestehen können. Eine solche Perspektive darf nicht mit Territorialismus, Kulturrelativismus, Nationalismus oder anderweitigen Abgrenzungsformen einhergehen, sondern benötigt eine gemeinschaftliche Basis, die versucht, all diese Welten vereint zu denken versucht – ohne sie dabei zu vereinnahmen und zu homogenisieren.

> […] [G]iven that we all live on the same planet and are, therefore, influenced by each others′ ways of life, a full decolonial approach to nature would need to explain how to integrate local conceptions of nature into a globally shareable vision for ethical living (Gallegos 2015, S. 44).

Wie Rozzi (2012, 2015) argumentiert, sollten wir uns deshalb sowohl für unsere Gemeinschaft und unser Territorium als auch für unseren Einfluss auf andere Gemeinschaften und deren Territorien verantwortlich fühlen. Wir benötigen also nicht nur eine ontologische und epistemologische Parität gegenüber bzw. Aufwertung von indigenen/lokalen Wissensweisen, sondern auch eine gemeinsame normativ-ethische Basis, die es diesen Welten ermöglicht, jeweils für sich und dennoch gemeinsam miteinander bestehen können. Wie bspw. Kothari, Demaria und Acosta bezüglich der hier betrachteten Konzepte von Buen Vivir und Rights of Nature (sowie hinsichtlich Ubuntu und Eco-Swaraj) festhalten, vereint all diese Positionen bzw. Konzepte vor allen Dingen eine Forderung, die eine mögliche gemeinsame ethische Position andeutet:

> All these proposals recognize that humanity must reconnect with nature. Humanity must assume its limits and adapt its life to natural life cycles. The task seems simple, but is extremely complex. Instead of keeping the divorce between nature and human beings, we must encourage their re-engagement. This also means accepting the essence of the human community, with and in terms of other human beings, as part of nature, without attempting to dominate it (Kothari et al. 2014, S. 370).

Diesbezüglich zeigt der global ausgerichtete und dennoch lokale Gegebenheiten berücksichtigende Rights of Nature Ansatz eine potenzielle Möglichkeit auf, die vor allem die Gesellschaften des globalen Nordens auffordert, ihre bisherigen Positionen und Sichtweisen auf andere Perspektiven und Weltsichten zu überdenken (Gudynas 2013; Pecharroman 2018). „Achieving sustainability also requires the ‚official' recognition of an ethical position that faiths and communities around the world have long held: the inherent rights of nature and its species" (Kothari 2014, S. 8).

5. Fazit

> *We moderns have lost our integral relation with the universe, and must restore it by bringing about a new intimacy with the Earth (Escobar 2017, S. 249).*

Wir – die Gesellschaften des globalen Nordens – haben uns ungefragt zu den Herrscher*innen über den Planeten Erde erklärt, sind aber offensichtlich nicht dazu fähig, diese Herrschaft auszuüben, ohne dabei zugleich – ob willentlich oder nicht – die gesamte Natur auszubeuten, zu zerstören und dadurch menschliches wie nicht-menschliches Leben in zunehmendem Maße und Umfang einzuschränken und zu gefährden. Wir begehen einen Ökozid. Einhergehend mit dem Irrglauben, wir (westlichen) Menschen seien in der Lage, die alleinige Kontrolle über die Natur, übernehmen zu können, haben wir sie zu einer untergeordneten, stummen, von uns separaten Dimension erklärt und dabei vergessen, dass sie nicht substituierbar ist – wir nicht ohne sie überleben können. Die Natur ist nicht von uns Menschen abhängig – das genaue Gegenteil ist der Fall.

Der Mensch ist aber zugleich auch ein Wesen, das zu dem beitragen kann, was häufig als vielfältige, schöne, einzigartige Natur bezeichnet wird – also eine (aus ökologischer Perspektive) intakte Natur, in der alle Organismen in Relationen zueinander existieren, so dass dieses Beziehungsgeflecht, dauerhaft, dynamisch und in einer ähnlichen Gesamtstruktur fortbestehen kann. Wir müssen uns (wieder) als ein Teil dieses hochkomplex miteinander verwobenen Geflechts verstehen lernen. Vielleicht wäre es daher sinnvoller, alle Teile der Natur (wieder) als gleichwertige, gleichberechtigte und unverzichtbare Mitglieder dieses großen Ganzen zu betrachten, in dem alle ihre Daseinsberechtigung haben, alle ihre speziellen Rollen und Aufgaben erfüllen und dadurch überhaupt erst dieses komplexe Ganze namens Natur geschaffen haben. Wollen wir die dynamische Vielfalt und Einzigartigkeit der Natur und ihrer Lebensgemeinschaft, zu der wir dazugehören, erhalten oder gar fördern, sollten wir unseren Herrschaftsanspruch aufgeben und gemeinsam mit allen anderen (menschlichen wie nicht-menschlichen) Wesen die Natur als eine *öffentliche Kultur* rekonstruieren (Escobar 1995, S. 207). Bei der Frage der Natur-Mensch-Beziehung sollte es somit nicht (weiterhin) um die Trennung von Natur und Mensch, sondern um eine Symbiose, einem Zusammenbringen bzw. Auflösen ‚beider Seiten' gehen – ein Wiederkennenlernen, Wiedergutmachen und ein

Wiederaufbauen der verlorengegangenen bzw. von unserer Seite abgebrochenen Relationen zur Natur und damit auch zu uns selbst.

Um den Herausforderungen des Anthropozäns zu begegnen, sollten wir unsere Vorstellungen und Narrative eines nachhaltigen und Guten Lebens völlig neu bzw. anders zu denken wagen. Unsere derzeitigen Deutungsmuster über die Natur scheinen diesbezüglich eines der oder sogar das Kernproblem zu sein und uns in eine falsche Richtung zu führen. „There is a need for this new paradigm in this world. This paradigm requires a change in the human relationship with the natural world from one of exploitation to the sacredness of our true mother – Mother Earth" (Goldtooth 2015, S. 25). Die Frage, wie es möglich sein soll, einen solchen Paradigmenwechsel bzw. ein anderes Verständnis von (Mensch und) Natur zu befördern, scheint, wie Kothari, Demaria und Acosta im obigen Zitat andeuten, ebenso einfach wie komplex.

Ein möglicher Weg, den die Vertreter*innen von Postdevelopment sowie die des Modernity/Coloniality/Decoloniality-Ansatzes aufzeigen, orientiert sich an den Kritiken, Anliegen und Weltsichten all derjenigen Menschen, die sich, infolge von Kolonialismus und Kolonialität, bereits seit Jahrhunderten mit sehr ähnlichen Fragen auseinandersetzen müssen. Sie erscheinen aus einer solchen Perspektive heraus als diejenigen, die – im Vergleich zu unseren Gesellschaften des globalen Nordens – in vielerlei Hinsicht nachhaltiger und in diesem Sinne auch ‚entwickelter' sind.

Durch eine intensive Zusammenarbeit mit vielen indigenen/lokalen Gemeinschaften, die Widerstand gegen das hegemoniale Projekt der OWW-Ontologie leisten, legen die Theorieperspektiven von Postdevelopment sowie Modernität/Kolonialität/Dekolonialität gemeinsam mit jenen Gemeinschaften, die seit über 500 Jahren und bis heute bestehenden (neo-)kolonialen Strukturen hinsichtlich der Mensch-Mensch- sowie auch Natur-Mensch-Beziehung offen und ermöglichen es hierdurch, sie als Teile ein und desselben Phänomens/Problems zu begreifen. „To recognise that both nature and indigenous peoples have been colonised, we need to rethink, relocate and redefine our protective concepts for nature within a larger anticolonial critique" (Plumwood 2002, S. 17). Diese vielfältigen – sich teils intensivierenden – Strukturen des modernen/kolonialen kapitalistischen Weltsystems sowie die damit verbundene anthropozentrische und dualistische OWW-Ontologie sollte von Grund auf reflektiert werden. Zugleich eröffnet eine solche Reflexion jener Strukturen und der hierauf gründenden eigenen

Denkweisen die Möglichkeit, die ersten Schritte in Richtung einer dekolonialen Haltung gehen zu können und ein noch immer bestehendes, nie vollständig zerstörtes Pluriversum voller Alternativen kennenlernen und gemeinsam mit vielen anderen Menschen (und nichtmenschlichen Wesen) eine ‚world where many worlds fit' kreieren bzw. ausbauen zu können – zu dürfen (Escobar 2018, S. 4; Kothari et al. 2019, S. xxxiii).

Wie auf dem nachgezeichneten Weg hin zu diesem Pluriversum deutlich wurde, geht es, um ein für Alle Gutes Leben auf Dauer – nachhaltig – ermöglichen zu können, nicht darum, die Natur sowie alle (menschlichen wie nichtmenschlichen) Wesen oder Prozesse in der Natur bis in das letzte Detail zu überwachen, zu bepreisen, zu kontrollieren und damit das bestehende moderne/koloniale kapitalistische Macht- und Herrschaftssystem immer nur noch weiter auszubauen. Diese Gangart führte zu genau der Situation, in der wir uns jetzt befinden. Wir haben verlernt, uns als einen Teil der Natur zu betrachten und uns entsprechend zu verhalten.

Viele der indigenen und lokalen Gemeinschaften, die für den Erhalt ihrer Welten und damit für den Erhalt des Pluriversums kämpfen, vertreten nicht-dualistische und/oder relationale Ontologien/Kosmologien, die als Regime einer organischen Natur beschreibbar sind und mit einer Vorstellung von der Natur-Mensch-Beziehung einhergehen, die nicht auf Herrschaft, Zerstörung und Ausbeutung, sondern auf Harmonie und Verbundenheit aufbauen. Viele dieser Gemeinschaften laden uns – die Gesellschaften des globalen Nordens – ein, unsere eigenen reduktionistischen Annahmen verlernen und sie mit Hilfe ihrer Vorstellungen von Grund auf anders/neu denken zu können (Escobar 2017; Inoue & Moreira 2016, S. 9). Hierfür bedarf es keiner weiteren Kolonisierung, Vereinnahmung oder Ausbeutung dieser Gemeinschaften bzw. ihrer Wissensweisen. Wie die Verfasser*innen der Anchorage Declaration deutlich machen, bieten uns viele Gemeinschaften, unter entsprechenden Voraussetzungen, ihre Hilfe an: „We offer to share with humanity our Traditional Knowledge, innovations, and practices relevant to climate change, provided our fundamental rights as intergenerational guardians of this knowledge are fully recognized and respected. We reiterate the urgent need for collective action" (Indigenous People´s of Global Summit on Climate Change 2009). Es wäre schlicht unverantwortlich und käme einer Untermauerung kolonialen Denkens gleich, ein solches Angebot, von und mit ihnen denken und von ihnen lernen zu dürfen, nicht wahrzunehmen. „[We moderns need] to welcome a much larger collective of humans and non-humans into our conversations that we have done thus far. In short, it calls on us to re-learn to walk the world as living beings" (Escobar 2017, S. 251).

33 Jahre nach Gayatri Chakravorty Spivak´s Aufsatz *Can the Subaltern Speak?* (1988) scheint diese Frage nun (doch) immer häufiger mit ‚Ja' beantwortet zu werden (Escobar 1995; Mendoza 2018). So ‚entgegnete' Escobar bereits 1995, dass „[t]he subaltern do in fact speak, even if the audibility of their voices in the circles where ‚the West' is reflected upon and theorized is tenuous at best" (Escobar 1995, S. 223). Unzählige indigene Gemeinschaften sowie Aktivist*innen und Wissenschaftler*innen versuchen dies seither immer wieder zu bekräftigen und ihre Stimmen und Kritiken (noch) lauter erklingen zu lassen. Die Gesellschaften des globalen Nordens müssen nur endlich beginnen, ihnen aufmerksam und selbstkritisch zuzuhören. Und dies scheint in Teilen durchaus der Fall zu sein: Gerade in den Debatten rund um das Anthropozän, den Klimawandel, das Artensterben sowie um Nachhaltigkeit, Naturschutz oder einem Guten Leben für Alle, werden indigene/lokale Perspektiven – wie auch in diesem Beitrag – zunehmend häufiger aufgegriffen. So stellt die dekoloniale Feministin Breny Mendoza kritisch und zurecht fest, dass „[i]nterestingly, non-moderns, in particular indigenous peoples that were almost wiped out in the beginning of the modern era, seem to be revitalized by this modern malaise" (Mendoza 2018, S. 110). Die Frage scheint nun also *Can the subaltern save us?* (Mendoza 2018) zu lauten.

Wie Breny Mendoza eindringlich warnt, stellen all jene indigenen/lokalen Weltsichten, Wissensweisen und Praktiken zwar aussichtsreiche Alternativen zu Modernität/Kolonialität (bzw. Entwicklung) dar, doch dürfen wir – und hiermit meint sie auch dekoloniale Vertreter*innen – diese weder unreflektiert romantisieren noch unsere eigenen historischen wie gegenwärtigen Verflechtungen ausblenden, die dazu beitragen, dass ihre Welten noch immer zerstört werden (Mendoza 2018, S. 119). Es geht also vielmehr darum, ihre Perspektiven, Kritiken und Vorstellungen ernst zu nehmen, anzuerkennen, für sich bestehen zu lassen und reflektiert und selbstkritisch von und mit ihnen zu denken und zu sprechen. Eine solche dekoloniale Haltung erfordert m.E. somit vor allem von unseren bisherigen Denk- und Handlungsweisen abzulassen, sie zu verlernen und uns nicht mehr als Herrscher*innen über die Natur, sondern (wieder) als einen Teil dieses vermutlich einzigartigen Gefüges zu betrachten, ohne dass wir nicht existieren würden und können.

Eine *Dekolonisation der Natur-Mensch-Beziehung* meint also vor allen Dingen eines: Eine Dekolonisierung unserer eigenen Vorstellungen und Imaginationen über (die) Natur als der Versuch, uns selbst als Teil von ihr zu verstehen.

> *We need to weave ourselves back into the fabric of life (Dawson 2019, S. 273).*

6. Literaturverzeichnis

Acosta, A. (2013a). Die ecuadorianische Yasuní-ITT-Initiative. Perspektiven und Blockaden für eine Politik jenseits des Neo-Extraktivismus. In: H.-J. Burchardt, K. Dietz & R. Öhlschläger (Hrsg.), *Umwelt und Entwicklung im 21. Jahrhundert. Impulse und Analysen aus Lateinamerika* (S. 109–120). Baden-Baden: Nomos.

Acosta, A. (2013b). Extractivism and neoextractivism: two sides of the same curse. In: M. Lang & D. Mokrani (Hrsg.), *Beyond Development. Alternative visions from Latin America* (S. 61–86). Amsterdam & Quito: Transnational Institute & Rosa Luxemburg Foundation.

Acosta, A. (2016). Post-Growth and Post-Extractivism: Two Sides of the Same Cultural Transformation. *Alternautas 3 (1)*, 50–71.

Acosta, A. (2017). Post-Extractivism: From Discourse to Practice – Reflections for Action. In: G. Carbonnier, H. Campodónico & S. T. Vázquez (Hrsg.), *Alternative Pathways to Sustainable Development: Lessons from Latin America* (S. 77–101). Leiden: Brill Nijhoff.

Alimonda, H. (2019). The Coloniality of Nature: An Approach to Latin American Political Ecology. *Alternautas 6 (1)*, 102–142.

Ambach, C.; Austaller, M.; Bähr, H.; Beil, C.; Brokow-Loga, A.; Eicke, L.; … van Treeck, K. (2019). *Das Gute Leben für Alle: Wege in die solidarische Lebensweise*. München: oekom.

Ávila-Santamaria, R. (2019). Tribunal on the Rights of Nature. In: A. Kothari, A. Salleh, A. Escobar; f. Demaria & A. Acosta (Hrsg.), *Pluriverse – A Post-Development Dictionary* (S. 320–323). New Delhi: Tulkia Books.

Bendix, D. (2011). Entwicklung / entwickeln / Entwicklungshilfe / Entwicklungspolitik / Entwicklungsland. In: S. Arndt & N. Ofuatey-Alazard (Hrsg.), *Wie Rassismus aus Wörtern spricht. (K)erben des Kolonialismus im Wissensarchiv deutsche Sprache – Eine kritisches Nachschlagewerk* (S. 272–278). Münster: Unrast.

Bendix, D. (2013). Auf den Spuren kolonialer Macht. Eine genealogische Dispositivanalyse von Entwicklungspolitik. In: U. Franke & U. Roos (Hrsg.), *Rekonstruktive Methoden der Weltpolitikforschung* (S. 181–218). Baden-Baden: Nomos.

Bendix, D. (2017). Post Development – Beim globalen Umgang mit dem kolonialen Erbe geht es um mehr als Wachstumskritik. In: C. Burkhart, M. Schmelzer, N. Treu & Konzeptwerk Neue Ökonomie (Hrsg.), *Degrowth in Bewegung(en) – 32 alternative Wege zur sozial-ökologischen Transformation* (S. 284–295). München: oekom.

Berger, P. & Luckmann, T. (1991). *The Social Construction of Reality. A Treatise in the Sociology of Knowledge*. 6. Auflage. London: Penguin Books.

Blaser, M. (2019). Life Projects. In: A. Kothari, A. Salleh, A. Escobar; f. Demaria & A. Acosta (Hrsg.), *Pluriverse – A Post-Development Dictionary* (S. 234–237). New Delhi: Tulkia Books.

Boatcă, M. (2016). Postkolonialismus und Dekolonialität. In: K. Fischer, G. Hauck & M. Boatcă (Hrsg.), *Handbuch Entwicklungsforschung* (S. 113–123). Wiesbaden: Springer VS.

Borrini-Feyerabend, G. & Farvar, M. T. (2019). ICCAS – Territories of Life. In: A. Kothari, A. Salleh, A. Escobar; f. Demaria & A. Acosta (Hrsg.), *Pluriverse – A Post-Development Dictionary* (S. 208–211). New Delhi: Tulkia Books.

Botero, P. (2019). Sentipensar. In: In: A. Kothari, A. Salleh, A. Escobar; f. Demaria & A. Acosta (Hrsg.), *Pluriverse – A Post-Development Dictionary* (S. 302–305). New Delhi: Tulkia Books.

Brand, U. (2015). *Degrowth und Post-Extraktivismus: Zwei Seiten einer Medaille?* Jena: Working Paper 5/2015 der DFG-KollegforscherInnengruppe Postwachstumsgesellschaften. http://www.kolleg-postwachstum.de/sozwgmedia/dokumente/WorkingPaper/wp5_2015.pdf. [12.08.2021].

Brand, U.; Dietz, K. & Lang, M. (2016). Neo-Extractivism in Latin America. One Side of a New Phase of Global Capitalist Dynamics. *Ciencia Política 11 (21)*, 125–159.

Brand, U. & Krams, M. (2018). Zehn Jahre Degrowth als radikale politische Perspektive: Potentiale und Hürden. *Forschungsjournal Soziale Bewegungen 31 (4)*, 18–26.

Brand, U. & Wissen, M. (2017). *Imperiale Lebensweise: Zur Ausbeutung von Mensch und Natur im globalen Kapitalismus*. München: oekom.

Brunner, C. (2020). *Epistemische Gewalt. Wissen und Herrschaft in der kolonialen Moderne*. Bielefeld: transcript.

Burkhart, C.; Eversberg, D.; Schmelzer, M. & Treu, N. (2017). Degrowth: In Bewegung, um Alternativen zu stärken und Wachstum, Wettbewerb und Profit zu überwinden. In: C. Burkhart, M. Schmelzer, N. Treu & Konzeptwerk Neue Ökonomie (Hrsg.), *Degrowth in Bewegung(en) – 32 alternative Wege zur sozial- ökologischen Transformation* (S. 108–117). München: oekom.

Castillo Ospina, O. L. & Masullo-Jiménez, J. (2017). Alternative Development is no longer an alternative – Post-development could be. *Filosofía de la Economía 6 (2)*, 99–119.

Castro-Gómez, S. (2007). The Missing Chapter of Empire. *Cultural Studies 21 (2–3)*, 428–448.

Chapron, G.; Epstein, Y. & López-Bao, J. V. (2019). A rights revolution for nature. Introduction of legal rights for nature could protect natural systems of destruction. *Science 363 (6434),* 1392–1393.

Chief Seattle, Häuptling der Duwamish (1984). *Wir sind ein Teil der Erde. Die Rede des Häutpling Seattle vor dem Präsidenten der Vereinigten Staaten von Amerika im Jahre 1855*. Olten/Freiburg i. Breisgau: Walter.

Chuji, M.; Rengifo, G. & Gudynas, E. (2019). Buen Vivir. In: A. Kothari, A. Salleh, A. Escobar, f. Demaria & A. Acosta (Hrsg.), *Pluriverse – A Post-Development Dictionary* (S. 111–114). New Delhi: Tulkia Books.

CLISEL (2020). *Green Colonialism*. https://clisel.eu/green_colonialism. [12.08.2021; offline].

Crutzen, P. (2011). Die Geologie der Menschheit. In: P. Crutzen, M. Davis & M. D. Mastrandrea (Hrsg.), *Das Raumschiff Erde hat keinen Notausgang* (S. 7–10). Berlin: Suhrkamp.

Crutzen, P.; Davis, M. & Mastrandrea, M. D. (Hrsg.) (2011). *Das Raumschiff Erde hat keinen Notausgang*. Berlin: Suhrkamp.

Cullinan, C. (2019). Nature Rights. In: A. Kothari, A. Salleh, A. Escobar; f. Demaria & A. Acosta (Hrsg.), *Pluriverse – A Post-Development Dictionary* (S. 243–246). New Delhi: Tulkia Books.

Cullinan, C. (2020). *A Tribunal for Earth: Why It Matters*. https://www.rightsofnaturetribunal.org/a-tribunal-for-earth-why-it-matters/. [12.08.2021].

Darian-Smith, E. & McCarty, P. C. (2017). *The Global Turn. Theories, Research Designs, and Methods for Global Studies*. Oakland: University of California Press.

Dawson, J. (2019). Pedagogy. In: A. Kothari, A. Salleh, A. Escobar; f. Demaria & A. Acosta (Hrsg.), *Pluriverse – A Post-Development Dictionary* (S. 271–274). New Delhi: Tulkia Books.

Dhawan, N. (2013). Coercive Cosmopolitanism and Impossible Solidarities. *Qui Parle 22 (1)*, 139–166.

Demaria, f.; Kallis, G. & Bakker, K. (2019). Geographies of degrowth: Nowtopias, resurgences and the decolonization of imaginaries and places. *Nature and Space 2 (3)*, 431–450.

Dengler, C. & Seebacher, L. M. (2019). What About the Global South? Towards a Feminist Decolonial Degrowth Approach. *Ecological Economics 157*, 246–252.

Descola, P. (1996). Constructing natures. Symbolic ecology and social practice. In: P. Descola & G. Pálsson (Hrsg.), *Nature and Society. Anthropological perspectives* (S. 82–102). London: Routledge.

Dietz, K. (2016) Erschöpft. Konflikte um Natur, Rohstoffausbeutung und Großprojekte in Lateinamerika. *Aus Politik und Zeitgeschichte 66 (39)*, 28–34.

Domínguez, L. & Luoma, C. (2020). Decolonizing Conservation Policy: How Colonial Land and Conservation Ideologies Persist and Perpetuate Indigenous Injustices at the Expense of the Environment. *Land 9 (65)*, 1–22.

Döring, R. & Ott, K. (2001). Nachhaltigkeitskonzepte. *Zeitschrift für Wirtschafts- und Unternehmensethik 2 (3)*, 315–342.

Dussel, E. (2000). Europa, Modernity, and Eurocentrism. *Nepantla: Views from South 1.3*, 465–478.

Eckert, A. (2015). Geschichte der Entwicklungszusammenarbeit. *Aus Politik und Zeitgeschichte 65 (6-7)*, 3–8.

Eisenstein, C. (2019). Earth Spirituality. In: A. Kothari, A. Salleh, A. Escobar; f. Demaria & A. Acosta (Hrsg.), *Pluriverse – A Post-Development Dictionary* (S. 157–160). New Delhi: Tulkia Books.

Escobar, A. (1992). Imagining a Post-Development Era? Critical Thought, Development and Social Movements. *Third World and Post-Colonial Issues 31/32*, 20–56.

Escobar, A. (1995). *Encountering Development. The Making and Unmaking of the Third World*. Princeton: Princeton University Press.

Escobar, A. (1996). Construction Nature. Elements for a post-structuralist political ecology. *Futures 28 (4)*, 325–343.

Escobar, A. (1998). Whose Knowledge, Whose nature? Biodiversity, Conservation, and the Political Ecology of Social Movements. *Journal of Political Ecology 5*, 53–82.

Escobar, A. (1999). After Nature: Seps to an Antiessentialist Political Ecology. *Current Anthropology 40 (1)*, 1–30.

Escobar, A. (2010). Worlds and Knowledges Otherwise: The Latin American Modernity/Coloniality Research Program. In: W. Mignolo & A. Escobar (Hrsg.), *Globalization and the Decolonial Option* (S. 33–64). London & New York: Routledge.

Escobar, A. (2015). Degrowth, postdevelopment, and transitions: a preliminary conversation. *Sustain Sci 10*, 451–462.

Escobar, A. (2016a). Difference and Conflict in the Struggle over Natural Resources: A Political Ecology Framework. In: N. Haenn, R. Wilk & A. Harnish (Hrsg.), *The Environment in Anthropology. A Reader in*

Ecology, Culture, and Sustainable Living (S. 362–368). New York: New York University Press.

Escobar, A. (2016b). Thinking-feeling with the Earth: Territorial Struggles and the Ontological Dimension of the Epistemologies of the South. *Revista de Antropología Iberoamericana 11 (1)*, 11–32.

Escobar, A. (2017). Sustaining the Pluriverse: The Political Ontology of Territorial Struggles in Latin America. In: M. Brightman & J. Lewis (Hrsg.), *The Anthropology of Sustainability. Beyond Development and Progress* (S. 237–256). London: Palgrave Macmillan.

Escobar, A. (2018). *Designs for the Pluriverse. Radical Interdependence, Autonomy, and the Making of Worlds*. Durham & London: Duke University Press.

Escobar, A. (2019). Civilizational Transitions. In: A. Kothari, A. Salleh, A. Escobar, f. Demaria & A. Acosta (Hrsg.), *Pluriverse – A Post-Development Dictionary* (S. 121–124). New Delhi: Tulkia Books.

Esteva, G. (2010). Development. In: W. Sachs (Hrsg.), *The Development Dictionary – a guide to knowledge as power*. 2. Edition (S. 1–23). London & New York: Zed Books.

Esteva, G. (2018). Speacial Feature: Colonialism, Development, & Educational Rights: A "Dialogue under the Storm". *International Journal of Human Rights Education 2 (1).*

Esteva, G. & Escobar, A. (2019). Postdevelopment @ 25: on 'being stuck' and moving forward, sideways, backward and otherwise. In: E. Klein & C. E. Morreo (Hrsg.), *Postdevelopment in Practice. Alternatives, Economics, Ontologies* (S. 21–36). New York: Routledge.

European Commission (2019). The European Green Deal. Brüssel: Europäische Kommission. https://eur-lex.europa.eu/legal-content/EN/TXT/PDF/?uri=CELEX:52019DC0640&from=EN. [12.08.2021].

Eversberg, D. & Schmelzer, M. (2016). Über die Selbstproblematisierung zur Kapitalismuskritik. Vier Thesen zur entstehenden Degrowth-Bewegung. *Forschungsjournal Soziale Bewegungen 29 (1)*, 9–17.

Fischer, K.; Boatcă, M. & Hauck, G. (2016). Was ist Entwicklungsforschung? Entstehung, Gegenstand und Arbeitsweise einer jungen Disziplin. In: K. Fischer, G. Hauck & M. Boatcă (Hrsg.), *Handbuch Entwicklungsforschung* (S. 3–12). Wiesbaden: Springer VS.

Foucault, M. (1978). *Dispositive der Macht. Über Sexualität, Wissen und Wahrheit*. Berlin: Merve.

Foucault, M. (2003). Gespräch mit Michel Foucault. In: D. Defert & f. Ewald (Hrsg.), *Michel Foucault – Schriften in vier Bänden. Dits et Écrits*. Band 3: 1976-1979 (S. 186–213). Frankfurt a.M.: Suhrkamp.

Franke, U. & Roos, U. (2018). Eine pragmatistische Analyse und Kritik der pragmatischen Globalstrategie der Europäischen Union. Zugleich der Versuch einer Aktualisierung der Ethiken von Charles Sanders Pierce und John Dewey. In: B. Koch & A. Merkel (Hrsg.), *Die EU als ethisches Projekt im Spiegel ihrer Außen- und Sicherheitspolitik* (S. 147–179). Baden-Baden: Nomos.

Gallegos, L. (2015). Sketch of a Decolonial Environmentalism: Challenging the Colonial Conception of Nature through the Biocultural Perspective. *Inter-American Journal of Philosophy 6 (1)*, 32–47.

Garbe, S. (2012). *Das Projekt Modernität/Kolonialität in Gegenüberstellung mit postkolonialer Theorie und als Herausforderung für die Kultur- und Sozialanthropologie – Eine theoretische Übersetzungsarbeit anhand interkultureller Teamarbeit in Argentinien.* Diplomarbeit an der Universität Wien.

Garbe, S. (2013). Das Projekt Modernität/Kolonialität – Zum theoretischen/akademischen Umfeld des Konzepts der Kolonialität der Macht. In: P. Quintero & S. Garbe (Hrsg.), *Kolonialität der Macht. De/Koloniale Konflikte: zwischen Theorie und Praxis* (S. 21–52). Münster: Unrast.

Germaná, C. (2013). Eine Epistemologie der anderen Art. Der Beitrag von Aníbal Quijano in der Neustrukturierung der Sozialwissenschaften in Lateinamerika. In: P. Quintero & S. Garbe (Hrsg.), *Kolonialität der Macht. De/Koloniale Konflikte: zwischen Theorie und Praxis* (S. 71–92). Münster: Unrast.

Global Alliance for the Rights of Nature (GARN) (2020a). *2nd International Rights of Nature Tribunal – Lima, Peru – December 2014.* https://therightsofnature.org/lima-2014-tribunal/. [12.08.2021].

Global Alliance for the Rights of Nature (GARN) (2020b). *Timeline.* https://therightsofnature.org/timeline/. [12.08.2021].

Global Alliance for the Rights of Nature (GARN) (2020c). *Our Colaborators.* https://www.rightsofnaturetribunal.org/collaborators/. [12.08.2021].

Goldtooth, T. B. K. (2015). Indigenous Rights and Rights of Mother Earth: One Voice, One Mind, One Heart, One Spirit. In: T. B. K. Goldtooth & S. Biggs (Hrsg.), *Rights of Nature & Mother Earth. Sowing Seeds of Resistance, Love and Change* (S. 23–25). Oakland: Movement Rights.

Gómez-Baggethun, E. (2019). Sustainable Development. In: A. Kothari, A. Salleh, A. Escobar; f. Demaria & A. Acosta (Hrsg.), *Pluriverse – A Post-Development Dictionary* (S. 71–74). New Delhi: Tulkia Books.

Gorke. M. (2018). *Eigenwert der Natur.* 2. Auflage. Stuttgart: S. Hirzel Verlag.

Grober, U. (2010). *Die Entdeckung der Nachhaltigkeit. Kulturgeschichte eines Begriffs*. München: Antje Kunstmann.

Grosfoguel, R. (2007). The Epistemic Decolonial Turn. Beyond political-economy paradigms. *Cultural Studies 21 (2–3)*, 211–223.

Grosfoguel, R. (2008). Transmodernity, border thinking, and global coloniality. Decolonizing political economy and postcolonial studies. Eurozine. https://www.eurozine.com/transmodernity-border-thinking-and-global-coloniality/?pdf. [12.08.2021].

Grosfoguel, R. (2012). Decolonizing Western Uni-versalism: Decolonial Pluri-versalism from Aimé Césaire to the Zapatistas. *Transmodernity 1 (3)*, 88–104.

Grosfoguel, R. (2013). The Structure of Knowledge in Westernized Universities: Epistemic Racism/Sexism and the Four Genocides/Epistemicides of the Long 16th Century. *Human Architecture 11 (1)*, 73–90.

Grzybowski, C. (2019). Biocivilization. In: A. Kothari, A. Salleh, A. Escobar; f. Demaria & A. Acosta (Hrsg.), *Pluriverse – A Post-Development Dictionary* (S. 102–104). New Delhi: Tulkia Books.

Guardiola, J. & García-Quero, f. (2014). Nature & Buen Vivir in Ecuador: The battle between conservation and extraction. *Alternautas 1*, 100–105.

Gudynas, E. (2009). Politische Ökologie: Natur in den Verfassungen von Bolivien und Ecuador. *juridikum 4*, 214–218.

Gudynas, E. (2011). Buen Vivir: Today´s tomorrow. *Development 54 (4)*, 441–447.

Gudynas, E. (2012a). Die neue alte Entwicklungsstrategie Lateinamerikas: Der Extraktivismus und seine Folgen. In: H.-J. Burchardt, K. Dietz & R. Öhlschläger (Hrsg.), *Umwelt und Entwicklung im 21. Jahrhundert. Impulse und Analysen aus Lateinamerika* (S. 33–45). Baden-Baden: Nomos.

Gudynas, E. (2012b). *Buen Vivir. Das Gute Leben jenseits von Entwicklung und Wachstum*. Berlin: Rosa-Luxemburg-Stiftung.

Gudynas, E. (2013). Debates on development and its alternatives in Latin America: a brief heterodox guide. In: M. Land & D. Mokrani (Hrsg.), *Beyond development. Alternative visions from Latin America* (S. 15–39). Quito & Amsterdam: Funación Rosa Luxemburg & Transnational Institute.

Gudynas, E. (2017). Post-Development and other Critiques of the Roots of Development. In: H. Veltmeyer & P. Bowles (Hrsg.), *The essential guide to critical development studies* (S. 84–93). London: Routledge.

Hargreaves, S. (2019). Neo-Extractivism. In: A. Kothari, A. Salleh, A. Escobar; f. Demaria & A. Acosta (Hrsg.), *Pluriverse – A Post-Development Dictionary* (S. 62–64). New Delhi: Tulkia Books.

Hermwille, L. (2016). The Role of Narratives in Socio-Technical Transitions. Fukushima and the Energy Regimes of Japan, Germany and the United Kingdom. *Energy Research and Social Science 11*, 237–246.

Hickel, J. (2020). Quantifying national responsibility for climate breakdown: an equality-based attribution approach for carbon dioxide emissions in excess of the planetary boundary. *Lancet Planet Health 4 (9)*, E399–E404.

Hoffmann Pfrimer, M. & Barbosa Júnior, R. C. (2017). Neo-Agro-Colonialism, Control over Life, and Imposed Spatio-Temporalities. *Contexto Internacional 39 (1)*, 9–33.

Indigenous Peoples of Mother Earth (2012). *Kari-Oca 2 Declaration, "Indigenous Peoples Global Conference on Rio+20 and Mother Earth"*. https://www.ienearth.org/docs/DECLARATION-of-KARI-OCA-2-Eng.pdf. [12. August 2021].

Indigenous Peoples´ Global Summit on Climate Change (2009). *The Anchorage Declaration.* https://unfccc.int/resource/docs/2009/smsn/ngo/168.pdf. [12. August 2021].

Inoue, C. Y. A. & Moreira, P. f. (2016). Many worlds, many nature(s), one planet: indigenous knowledge in the Anthropocene. *Revista Brasileira de Política Internacional 59 (2)*, 1–19.

Intergovernmental Platform on Biodiversity and Ecosystem Services (IPBES) (2019). *Summary for policymakers of the global assessment report on biodiversity and ecosystem services of the Intergovernmental Science-Policy Platform and Ecosystem Services.* https://www.ipbes.net/sites/default/files/downloads/spm_unedited_advance_for_posting_htn.pdf. [12.08.2021].

Intergovernmental Panel on Climate Change (IPCC) (2019a). *Climate Change and Land: An IPCC Special Report on climate change, desertification, land degradation, sustainable land management, food security, and greenhouse gas fluxes in terestrial ecosystems.* https://www.ipcc.ch/site/assets/uploads/2019/08/4.-SPM_Approved_Microsite_FINAL.pdf. [12.08.2021].

Intergovernmental Panel on Climate Change (IPCC) (2019b). *IPCC Special Report on the Ocean and Cryosphere in a Changing Climate.* https://www.ipcc.ch/site/assets/uploads/sites/3/2019/12/SROCC_FullReport_FINAL.pdf. [12.08.2021].

Intergovernmental Panel on Climate Change (IPCC) (2021). *Climate Change 2021. The Physical Science Basis. Summary for Policymakers.* https://www.de-ipcc.de/media/content/AR6-WGI-SPM.pdf. [12.08.2021].

Kallis, G. (2015). The Degrowth Alternative. *Great Transition Initiative.* https://greattransition.org/images/Kallis-Degrowth-Alternative.pdf. [12.08.2021].

Kallis, G.; Demaria, f. & D`Alisa, G. (2015). Introduction: Degrowth. In: G. D`Alisa, f. Demaria & G. Kallis (Hrsg.), *Degrowth – A vocabulary for a new era* (S. 1–17). New York & London: Routledge.

Keller, R. (2008). Diskurse und Dispositive analysieren: die wissenssozilogische Diskursanalyse als Beitrag zu einer wissensanalytischen Profilierung der Diskursforschung. *Historical Social Research 33 (1)*, 73–101.

Keller, R. (2012). *Das interpretative Paradigma – Eine Einführung.* Wiesbaden: Springer VS.

Kim, N.-J. (2007). *Holistische Naturethik: Das Verhältnis des Menschen zur Natur im Zusammenhang mit dem Begründungsprojekt der holistischen Naturethik.* (Dissertation) Münster: Philosophie Fakultät der Westfälischen Wilhelms-Universität Münster.

Kirchhoff, T. (2020). Zum Verhältnis von Mensch und Natur. *Aus Politik und Zeitgeschichte 70 (11)*, 39–44.

Klapeer, C. M. (2016). Post-Development. In: K. Fischer, G. Hauck & M. Boatcă (Hrsg.), *Handbuch Entwicklungsforschung* (S. 125–136). Wiesbaden: Springer VS.

Klein, E. & Morreo, C. E. (Hrsg.) (2019). *Postdevelopment in Practice. Alternatives, Economics, Ontologies.* New York: Routledge.

Klein, E. & Morreo, C. E. (2019). Introduction. In: E. Klein & C. E. Morreo (Hrsg.), *Postdevelopment in Practice. Alternatives, Economics, Ontologies* (S. 1–17). New York: Routledge.

Knauß, S. (2018). Conceptualizing Human Stewardship in the Anthropocene: The Rights of Nature in Ecuador, New Zealand and India. *Journal of Agriculture and Environmental Ethics 31*, 703–722.

Kothari, A. (2014). Radical Ecological Democracy: A Path Forward for India and Beyond. *Great Transition Initiative (July 2014).* https://greattransition.org/images/Kothari-Radical-Ecological-Democracy.pdf. [12.08.2021].

Kothari, A. (2018). Eco-Swaraj vs. Eco-Catastrophe. *Asia Pacific Perspectives 15 (2)*, 49–54.

Kothari, A.; Demaria, f. & Acosta, A. (2014). Buen Vivir, Degrowth and Ecological Swaraj: Alternatives to sustainable development and the Green Economy. *Development 57 (3–4)*, 362–375.

Kothari, A.; Salleh, A.; Escobar, A.; Demaria, f. & Acosta, A. (Hrsg.) (2019). *Pluriverse. A Post-Development Dictionary*. New Delhi: Tulika Books.

Kothari, A.; Salleh, A.; Escobar, A.; Demaria, f. & Acosta, A. (2019). Introduction. Finding Pluriversal Paths. In: A. Kothari, A. Salleh, A. Escobar; f. Demaria & A. Acosta (Hrsg.), *Pluriverse – A Post-Development Dictionary* (S. xxii–xl). New Delhi: Tulkia Books.

Kößler, R. (2016). Modernisierungstheorien. In: K. Fischer, G. Hauck & M. Boatcă (Hrsg.), *Handbuch Entwicklungsforschung* (S. 27–39). Wiesbaden: Springer VS.

Kumar, V M. R. (2010). Green Colonialism and Forest Policies in South India, 1800–1900. *Global Environment 5*, 101–125.

Kühne, O. (2013). *Landschaftstheorie und Landschaftspraxis – Eine Einführung aus sozialkonstruktivistischer Perspektive*. Wiesbaden: Springer VS.

Lang, M. (2013). Prologue. Crisis of civilisation and challenges for the left. In: M. Lang & D. Mokrani (Hrsg.), *Beyond Development. Alternative visions from Latin America* (S. 5–13). Amsterdam & Quito: Transnational Institute & Rosa Luxemburg Foundation.

Latour, B. (2018). *Das terrestrische Manifest*. Berlin: Suhrkamp.

Law, J. (2011). What's Wrong with a One-World World. http://www.heterogeneities.net/publications/Law2011WhatsWrongWithAOneWorldWorld.pdf. [12.08.2021; offline].

Ling, L. H. M. (2014). *The Dao of World Politics. Towards a post-Westphalian wordlist International Relations*. Abingdon: Routledge.

Lugones, M. (2008). The Coloniality of Gender. *Worlds & Knowledges Otherwise 2*, 1–17.

Lugones, M. (2010). Towards a Decolonial Feminism. *Hypatia 25 (4)*, 741–759.

Lugones, M. (2017). Decolonial. In: D. R. Vargas, N. R. Mirabal & L. La Fountain-Stokes (Hrsg.), *Keywords for Latina/o Studies* (S. 43–47). New York: New York University Press.

Lyons, K.; Richards, C. & Westoby, P. (2014). *The Darker Side of Green. Plantation Forestry and Carbon Violence in Uganda*. Oakland: The Oakland Institute.

Lyons, K. & Ssemwogerere, D. (2017). *Carbon Colonialism. Failure of Green Resources' Carbon Offset Project in Uganda*. Oakland: The Oakland Institute.

Maldonado-Torres, N. (2007). On the Coloniality of Being. *Cultural Studies 21 (2)*, 240–270.

Maldonado-Torres, N. (2016). Outline of Ten Theses on Coloniality and Decoloniality. https://fondation-frantzfanon.com/wp-content/uploads/2018/10/maldonado-torres_outline_of_ten_theses-10.23.16.pdf. [12.08.2021].

Margil, M. (2015). From Local to National: Recognizing Legal Rights for Nature – How Do We Get There? In: T. B. K. Goldtooth & S. Biggs (Hrsg.), *Rights of Nature & Mother Earth. Sowing Seeds of Resistance, Love and Change* (S. 15–17). Oakland: Movement Rights.

Martínez-Alier, J. (2012). Environmental Justice and Economic Degrowth: An Alliance between Two Movements. *Capitalism Nature Socialism 23 (1)*, 51–73.

Matthews, S. (2004). Post-Development Theory and the Question of Alternatives: A View from Africa. *Third World Quarterly 25 (2)*, 373–384.

Mbembe, A. (2015). Decolonizing Knowledge and the Question of the Archive. https://wiser.wits.ac.za/system/files/Achille%20Mbembe%20-%20Decolonizing%20Knowledge%20and%20the%20Question%20of%20the%20Archive.pdf. [12.08.2021].

Meadows, D.; Meadows, D.; Zahn, E. & Milling, P. (1972). *Die Grenzen des Wachstums -Bericht des Club of Rome zur Lage der Menschheit*. Stuttgart: Deutsche Verlags-Anstalt.

Melber, H. (1992). *Der Weißheit letzter Schluß. Rassismus und kolonialer Blick*. Frankfurt a.M.: Brandes & Apsel.

Mendoza, B. (2018). Can the subaltern save us? *Tapuya: Latin American Science, Technology and Society 1 (1)*, 109–122.

Merchant, C. (1989). *The Death of Nature. Women, Ecology and the Scientific Revolution*. San Francisco: Harper & Row.

Meyer-Abich, K. M. (2005). *Konflikte zwischen Wirtschaft, Tierschutz und Umweltschutz. Eine naturphilosophische Bewertung*. Bad Boll: Evangelische Akademie Bad Boll.

Mignolo, W. (2002). The Geopolitics of Knowledge and the Colonial Difference. *The South Antlantic Quaterly 10 (1)*, 57–96.

Mignolo, W. (2008). Delinking. The rhetoric of modernity, the logic of coloniality and the grammar of de-coloniality. *Cultural Studies 21 (2)*, 449–514.

Mignolo, W. (2010). Introduction: Coloniality of power and de-colonial thinking. In: W. Mignolo & A. Escobar (Hrsg.), *Globalization and the Decolonial Option* (S. 1–21). London & New York: Routledge.

Mignolo, W. (2011a). *The Darker Side of Western Modernity. Global Futures, Decolonial Options*. Durham & London: Duke University Press.

Mignolo, W. (2011b). Epistemic Disobedience and the Decolonial Option: A Manifesto. *Journal of Peripheral Cultural Production of the Luso-Hispanic World 1 (2)*, 44–66.

Mignolo, W. (2018).The Decolonial Option. Part Two. In: W. Mignolo & C. Walsh (Hrsg.), *On Decoloniality – Concepts, Analytics, Praxis* (S. 103–244). Durham & London: Duke University Press.

Mignolo, W. & Escobar, A. (Hrsg.) (2010). *Globalization and the Decolonial Option*. London & New York: Routledge.

Mignolo, W. & Walsh, C. (Hrsg.) (2018). *On Decoloniality – Concepts, Analytics, Praxis*. Durham & London: Duke University Press.

Muraca, B. (2011). The Map of Moral Significance: A New Axiological Matrix for Environmental Ethics. *Environmental Values 20 (3)*, 375–396.

Muraca, B. (2016). Werte und >gutes Leben<. In: K. Ott, J. Dierks & L. Voget-Kleschin (Hrsg.), *Handbuch Umweltethik* (S. 117–121). Stuttgart: J. B. Metzler.

Muraca, B. (2017). Vorwort. In: C. Burkhart, M. Schmelzer, N. Treu & Konzeptwerk Neue Ökonomie (Hrsg.), *Degrowth in Bewegung(en) – 32 alternative Wege zur sozial-ökologischen Transformation* (S. 9–11). München: oekom.

Muraca, B. & Döring, R. (2018). From (Strong) Sustainability to Degrowth: A Philosophical and Historical Reconstruction. In: J. Caradonna (Hrsg.), *Routledge Handbook of the History of Sustainability* (S. 339–362). New York: Routledge.

Müller, f. & Ziai, A. (2015). Eurozentrismus in der Entwicklungszusammenarbeit. *Aus Politik und Zeitgeschichte 65 (6–7)*, 8–15.

Neubert, D. (2016). Entwicklungspolitik: Programme, Institutionen und Instrumente. In: K. Fischer, G. Hauck & M. Boatcă (Hrsg.), *Handbuch Entwicklungsforschung* (S. 359–373). Wiesbaden: Springer VS.

Nirmal, P. & Rocheleau, D. (2019). Decolonizing degrowth in the post-development convergence: Questions, experiences, and proposals from two indigenous territories. *Nature and Space 2 (3)*, 465–492.

Nullmeier, f. (1997). Die politische Theorie des Pragmatismus. John Dewey. In: A. Brodocz & G. Schaal (Hrsg.), *Politische Theorien der Gegenwart I. Eine Einführung* (S. 149–175). 4. Auflage. Stuttgart: UTB.

Ott, K. (2016). Starke Nachhaltigkeit. In: K. Ott, J. Dierks & L. Voget-Kleschin (Hrsg.), *Handbuch Umweltethik* (S. 190–195). Stuttgart: J. B. Metzler.

Paech, N. (2018). *Befreiung vom Überfluss. Auf dem Weg in die Postwachstumsökonomie*. 10. Auflage. München: oekom.

Pecharroman, L. C. (2018). Rights of Nature: Rivers That Can Stand in Court. *Resources 7 (13)*, 1–14.

Pissarskoi, E.; Vogelpohl, T.; Schäfer, T. & Petschow, U. (2018). *Diskurse zum guten Leben: Analyse ihrer Begriffe, ihrer Akteure und damit verbundener politischer Strategien*. Zwischenbericht. Texte 17/2018. Dessau-Roßlau: Umweltbundesamt. https://www.umweltbundesamt.de/sites/default/files/medien/1410/publikationen/2018-02-23_texte_17-2018_diskurse-gutes-leben.pdf. [12.08.2021].

Plumwood, V. (2002). Decolonising Relationships with Nature. *PAN: philosophy activism nature 2*, 7–30.

Quijano, A. (2000). Coloniality of Power, Eurocentrism, and Latin America. *Nepantla: Views from South 1 (3)*, 533–580.

Quijano, A. (2007). Coloniality and Modernity/Rationality. *Cultural Studies 21 (2)*, 168–178.

Quijano, A. (2016). "Buen Vivir" – Between "Development" and the De/Coloniality of Power. *Alternautas 3 (1)*, 10–23.

Quintero, P. (2013). Entwicklung und Kolonialität. In: P. Quintero & S. Garbe (Hrsg.), *Kolonialität der Macht. De/Koloniale Konflikte: zwischen Theorie und Praxis* (S. 93–114). Münster: Unrast.

Quintero, P. & Garbe, S. (Hrsg.) (2013). *Kolonialität der Macht. De/Koloniale Konflikte: zwischen Theorie und Praxis*. Münster: Unrast.

Queiroz Sousa, L. P. de & Rocha Pessoa, R. (2019). Humans, Nonhuman Others, Matter and Language: A Discussion From Posthumanist and Decolonial Perspectives. *Campinas 58 (2)*, 520–543.

Rajesh, K. & Rajasekaran, K. (2019). Environmental Ethics: Anthropocentric Chauvinism as Seen in Western Ethical Theories. *International Journal of Innovative Technology and Exploring Engineering 8 (6S4)*, 1385–1389.

Republic of Ecuador (2008). *Constitution of the Republic of Ecuador*. https://pdba.georgetown.edu/Constitutions/Ecuador/english08.html. [12.08.2021].

Rodríguez-Labajos, B.; Yánez, I.; Bond, P.; Greyl, L.; Munguti, S.; Uyi Ojo, G. & Overbeek, W. (2019). Not So Natural an Alliance? Degrowth and Environmental Justice Movements in the Global South. *Ecological Economics 157*, 175–184.

Roos, U. (2013). Grounded Theory als Instrument der Weltpolitikforschung. Die Rekonstruktion außenpolitischer Kultur als Beispiel. In: U. Franke & U. Roos (Hrsg.), *Rekonstruktive Methoden der Weltpolitikforschung* (S. 309–348). Baden-Baden: Nomos.

Roos, U. (2017). *Deutsche Außenpolitik. Arenen, Diskurse und grundlegende Handlungsregeln*. Wiesbaden: Springer VS.

Rozzi, R. (2012). Biocultural Ethics: Recovering the Vital Links between the Inhabitants, Their Habits, and Habitats. *Environmental Ethics 34*, 27–50.

Rozzi, R. (2015). Earth Stewardship and the Biocultural Ethic: Latin American Perspectives. In: R. Rozzi, f. Chapin III, J. Callicot, S. Pickett, M. Power, J. Armesto & R. May Jr. (Hrsg.), *Earth Stewardship. Linking Ecology and Ethics in Theory and Practice* (S. 87–112). Cham: Springer.

Sachs, W. (Hrsg.) (2010). *The Development Dictionary – a guide to knowledge as power*. 2. Edition. London & New York: Zed Books.

Sachs, W. (2010a). Introduction. In: W. Sachs (Hrsg.), *The Development Dictionary – a guide to knowledge as power*. 2. Edition (S. xv–xx). London & New York: Zed Books.

Sachs, W. (2010b). Preface to the New Edition. In: W. Sachs (Hrsg.), *The Development Dictionary – a guide to knowledge as power*. 2. Edition (S. vi–xiv). London & New York: Zed Books.

Sachs, W. (2010c). Environment. In: W. Sachs (Hrsg.), *The Development Dictionary – a guide to knowledge as power*. 2. Edition (S. 24–37). London & New York: Zed Books.

Sachs, W. (2017). The Sustainable Development Goals and Laudato si'- Varieties of Post-Development?. *Third World Quarterly 38*, 2573–2587.

Sachs, W. (2019). Foreword – The Development Dictionary Revisited. In: A. Kothari, A. Salleh, A. Escobar; f. Demaria & A. Acosta (Hrsg.), *Pluriverse – A Post-Development Dictionary* (S. xi–xvi). New Delhi: Tulkia Books.

Santarius, T. (2012). *Der Rebound-Effekt – Über die unerwünschten Folgen der erwünschten Energieeffizienz*. Wuppertal: Wuppertal Institut für Klima, Umwelt, Energie. https://epub.wupperinst.org/frontdoor/deliver/index/docId/4219/file/ImpW5.pdf. [12.08.2021].

Santos, B. de S. (2014). *Epistemologies of the South. Justice against Epistemicide*. New York: Taylor & Francis.

Santos, B. d. S.; Nunes, J. A. & Meneses, M. P. (2007). Opening Up the Canon of Knowledge and Recognition of Difference. In: B. d. S. Santos (Hrsg.), *Another Knowledge is Possible. Beyond Northern Epistemologies* (S. xix–lxii). London: Verso.

Schlechter, K. (2019). Die dekoloniale Option: Ein lateinamerikanischer Blickwinkel auf das europäische Projekt der Moderne. *Austrian Studies in Social Anthropology 1/2019*, 1–24.

Schmelzer, M.; Eversberg, D. & Schmidt, G. (2018). Endwachstum – Utopie, Konturen und Spannungen des Degrowth-Spektrums. *Forschungsjournal Soziale Bewegungen 31 (4)*, 3–8.

Schulz, K. A. (2017). Decolonizing political ecology: ontology, technology and 'critical' enchantment. *Journal of Political Ecology 24*, 125–143.

Seed, J. (2019). Deep Ecology. In: A. Kothari, A. Salleh, A. Escobar; f. Demaria & A. Acosta (Hrsg.), *Pluriverse – A Post-Development Dictionary* (S. 145–147). New Delhi: Tulkia Books.

Shiva, V. (2010). Resources. In: W. Sachs (Hrsg.), *The Development Dictionary – a guide to knowledge as power*. 2. Edition (S. 228–242). London & New York: Zed Books.

Shiva, V. (2014). Decolonizing the North. In: M. Mies & V. Shiva (Hrsg.), *Ecofeminism* (S. 290–302). London & New York: Zed Books.

Solón, P. (2015). At the Crossroads Between Green Economy and Rights of Nature. In: T. B. K. Goldtooth & S. Biggs (Hrsg.), *Rights of Nature & Mother Earth. Sowing Seeds of Resistance, Love and Change* (S. 9–11). Oakland: Movement Rights.

Spivak, G. C. (1988). Can the Subaltern Speak? In: C. Nelson & L. Grossberg (Hrsg.), *Marxism and the Interpretation of Culture* (S. 271–313). London: Macmillan.

Sullivan, S. (2016). What´s Ontology got to do with it? On the knowledge of nature and the nature of knowledge in environmental anthropology. In: H. Kopnina & E. Shoreman-Quimet (Hrsg.), *International Handbook of Environmental Anthropology* (S. 155–169). London: Routledge.

Svampa, M. (2013a). *Neo-desarrollistischer* Extraktivismus und soziale Bewegungen: Eine öko-territoriale Wende in Richtung neuer Alternativen?. In: H.-J. Burchardt, K. Dietz & R. Öhlschläger (Hrsg.), *Umwelt und Entwicklung im 21. Jahrhundert. Impulse und Analysen aus Lateinamerika* (S. 79–92). Baden-Baden: Nomos.

Svampa, M. (2013b). Resource Extractivism and Alternatives: Latin American Perspectives on Development. In: M. Lang & D. Mokrani (Hrsg.), *Beyond Development. Alternative visions from Latin America* (S. 117–143). Amsterdam & Quito: Transnational Institute & Rosa Luxemburg Foundation.

Svampa, M. (2019). The Latin American Critique of Development. In: A. Kothari, A. Salleh, A. Escobar; f. Demaria & A. Acosta (Hrsg.), *Pluriverse – A Post-Development Dictionary* (S. 18–21). New Delhi: Tulkia Books.

The UN Refugee Agency (UNHCR) (2018). *Global Report 2018.* http://reporting.unhcr.org/sites/default/files/gr2018/pdf/GR2018_English_Full_lowres.pdf. [12.08.2021].

The UN Refugee Agency (UNHCR) (2020). *Global Trends. Forced Displacement in 2019.* https://www.unhcr.org/be/wp-content/uploads/sites/46/2020/07/Global-Trends-Report-2019.pdf. [12.08.2021].

Thomay, M. (2020). Degrowth und der (Eigen-)Wert der Natur. In. U. Roos (Hrsg.), *Nachhaltigkeit, Postwachstum, Transformation* (S. 45–82). Wiesbaden: Springer VS.

Tlostanova, M. (2019). The postcolonial condition, the decolonial option and the post-socialist intervention. In: M. Albrecht (Hrsg.), *Postcolonialism Cross-Examined: Multidirectional Perspectives on Imperial and Colonial Pasts and the Newcolonial Present* (S. 165–178). London: Routledge.

Tlostanova, M. & Mignolo, W. (2009). Global Coloniality and the Decolonial Option. *Kult 6 – Special Issue*, 130–147.

Truman, H. S. (1949). *Inaugural Address of Harry S. Truman. Thursday, January 20. 1949.* https://avalon.law.yale.edu/20th_century/truman.asp. [12.08.2021].

United Nations (1951). *Measures for the Economic Development of under-developed Countries. Report by a Group of Experts appointed by the Secretary-General of the United Nations.* New York: United Nations, Department of Economic Affairs.

United Nations (1992). *Convention on Biological Diversity*. Rio de Janeiro: United Nations.

United Nations (2015). *Transforming our World: The 2030 Agenda for Sustainable Development*. A/RES/70/1. New York: United Nations.

United Nations Environment Program (UNEP) (2019). *Emissions Gap Report 2019. Executive summary*. Nairobi: United Nations Environment Program.

Vázquez, R. (2011). Translation as Erasure: Thoughts on Modernity´s Epistemic Violence. *Journal of Historical Sociology 24 (1)*, 27–44.

Vázquez, R. (2012). Towards a Decolonial Critique of Modernity. Buen Vivir, Relationality and the Task of Listening. In: R. Fornet-Betancourt (Hrsg.), *Capital, Poverty, Development, Denktrationen im Dialog:*

Studien zur Befreiung und Interkulturalität (S. 241–252). Aachen: Wissenschaftsverlag Mainz.

Vermeylen, S. (2017). Materiality and the Ontological Turn in the Anthropocene: Establishing a Dialogue between Law, Anthropology and Eco-Philosophy. In: L. Kotze (Hrsg.), *Environmental Law and Governance for the Anthropocene* (S. 137–162). Oxford: Hart Publishing.

Vermeylen, S. (2019). Special issue: environmental justice and epistemic violence. *Local Environment 24 (2)*, 89–93.

Walsh, C. (2010). Shifting the Geopolitics of Critical Knowledge: Decolonial Thought and Cultural Studies 'Others' in the Andes. In: W. Mignolo & A. Escobar (Hrsg.), *Globalization and the Decolonial Option* (S. 78–93). London & New York: Routledge.

Walsh, C. (2018). Decoloniality in/as Praxis. In: W. Mignolo & C. Walsh (Hrsg.), *On Decoloniality – Concepts, Analytics, Praxis* (S. 13–102). Durham & London: Duke University Press.

Weber, M. (1919). Wissenschaft als Beruf. In: D. Kaesler (Hrsg.) (2002), *Max Weber. Schriften 1894–1922* (S. 474–511). Stuttgart: Alfred Kröner.

Weizäcker von, E. & Wijkman, A. (2017). *Wir sind dran: Was wir ändern müssen, wenn wir bleiben wollen.* Gütersloh: Gütersloher Verlagshaus.

Weller, C. (2014). Konfliktanalyse in der Konfliktforschung. In: A. M. Bock & I. Henneberg (Hrsg.), *Iran, die Bombe und das Streben nach Sicherheit.* Strukturierte Konfliktanalysen (S. 15–31). Baden-Baden: Nomos.

Whyte, K. P. (2017). Indigenous Climate Change Studies: Indigenizing Futures, Decolonizing the Anthropocene. *English Language Notes 55 (1–2),* 153–162.

Whyte, K. P. (2018). Indigenous science (fiction) for the Anthropocene: Ancestral dystopias and fantasies of climate change crisis. *Nature and Space 1 (1–2)*, 224–242.

Whyte, K. P. & Cuomo, C. (2017). Ethics of Caring in Environmental Ethics: Indigenous and Feminist Philosophies. In: S. M. Gardiner & A. Thompson (Hrsg.), *The Oxford Handbook of Environmental Ethics* (S. 235–248). Oxford: Oxford University Press.

World Commission on Environment and Development (WCED) (1987). *Our Common Future.* Oxford: Oxford University Press.

Yanow, D. (2000). *Qualitative Research Methods: Conducting interpretive policy analysis.* Thousand Oaks, CA: SAGE Publications.

Ziai, A. (2006). *Zwischen Global Governance und Post-Development. Entwicklungspolitik aus diskursanalytischer Perspektive*. Münster: Westfälisches Dampfboot.

Ziai, A. (2010). Zur Kritik des Entwicklungsdiskurses. *Aus Politik und Zeitgeschichte 10*, 23–29.

Ziai, A. (2012). Post-Development: Fundamentalkritik der „Entwicklung". *Geographica Helvetica 67*, 133–138.

Ziai, A. (2015). Post-Development Concepts? Buen Vivir, Ubuntu and Degrowth. In: B. de S. Santos & T. Cunha (Hrsg.), *Epistemologies of the South: South–South, South–North and North–South Global Learnings* (S. 143–154). Coimbra: CES.

Ziai, A. (2016). Post-Development and Alternatives to Development. In: P. Haslam, J. Schafer & P. Beaudet (Hrsg.), *Introduction to International Development: Approaches, Actors, And Issues* (S. 65–83). 3. Edition. Oxford: Oxford University Press.

Ziai, A. (2017). Post-development 25 years after The Development Dictionary. *Third World Quarterly 38 (12)*, 2547–2558.

Kolibri 360 GmbH
Ferdinand-Jühlke-Straße 7
99095 Erfurt, Deutschland
produktsicherheit@kolibri360.de